新世纪民族音乐创新教育丛书
NEW CENTURY NATIONAL MUSIC EDUCATIONAL INNOVATION SERIES

U1003915

民族化与区域化

第四届亚洲双簧协会年会暨双簧乐器国际学术论坛论文集

The 4th Asian Double Reed Association Conference - International Double Reeds Scholarly Research Papers

◎ 朴长天 主编

中央民族大学出版社
China Minzu University Press

图书在版编目（CIP）数据

民族化与区域化：第四届亚洲双簧协会年会暨双簧乐器国际学术论坛论文集：汉文、英文 / 朴长天主编 . —北京：中央民族大学出版社，2023.2（2023. 9 重印）

ISBN 978-7-5660-2018-5

Ⅰ . ①民…　Ⅱ . ①朴…　Ⅲ . ①簧乐器—国际学术会议—文集—汉、英　Ⅳ . ① TS953.06-53

中国版本图书馆 CIP 数据核字（2021）第 277648 号

民族化与区域化：第四届亚洲双簧协会年会暨双簧乐器国际学术论坛论文集

主　　编　朴长天

责任编辑　周雅丽

封面设计　布拉格

出版发行　中央民族大学出版社

北京市海淀区中关村南大街 27 号　　邮编：100081

电话：（010）68472815（发行部）　传真：（010）68933757（发行部）

（010）68932218（总编室）　（010）68932447（办公室）

经 销 者　全国各地新华书店

印 刷 厂　北京鑫宇图源印刷科技有限公司

开　　本　787 × 1092　1/16　　印张：18

字　　数　224 千字

版　　次　2023 年 2 月第 1 版　2023 年 9 月第 2 次印刷

书　　号　ISBN 978-7-5660-2018-5

定　　价　78.00 元

版权所有　翻印必究

热烈庆祝中央民族大学音乐学院成立60周年暨第四届亚洲双簧协会年会

年会图片1

热烈庆祝中央民族大学音乐学院成立60周年暨第四届亚洲双簧协会年会闭幕式

年会图片2

大师课图 1

大师课图 2

大师课图 3

大师课图 4

大师课图5

大师课图6

大师课图7

大师课图8

大师课图9

大师课图10

大师课图11

朴长天教授与中央民族大学音乐学院领导

学术会议现场

音乐会现场图1

音乐会现场图2

音乐会现场图3

总　序

包·达尔汗

国家级“特色专业建设项目”是根据《教育部财政部关于实施高等学校本科教学质量与教学改革工程的意见》（教高〔2007〕1号）启动的重大教育工程。主要是为了适应国家经济、科技、社会发展对高素质人才的需求，引导不同类型高校根据自己的办学定位和发展目标，发挥自身优势，办出专业特色。“十一五”期间在本科院校中择优重点建设2500个“第一类特色专业建设点”和500个“第二类特色专业建设点”。其中，“第二类特色专业建设点”的建设内容包括了改革人才培养方案，构建经济社会发展需要的课程体系；改革课程教学内容，加强新教材建设，改革教师培养和使用机制，加强教师队伍建设；改革实践教学，推进人才培养与生产劳动和社会实践相结合等。“第二类特色专业建设点”旨在通过改革和建设，培养一批经济社会发展的亟需人才，并集成取得的有效经验和实践效果，形成该专业建设内容的相关参考规范，发挥推广和示范作用。

在众多专业的申报竞争中，中央民族大学音乐学院的音乐学专业，最终获得了第二批“第二类特色专业建设点”的项目资助，这是继2007年“民族音乐创新人才培养实验区”国家级教育教学重点项目之后获得的又一个重要成就。“第二类特色专业建设点”（音乐学）的获批，再次印证了中央民族大学音乐学院所具备的办学实力和办学特色，同时肯定了其在我国民族音乐教育领域所做出的重要贡献。

中央民族大学音乐学院有五十多年的办学历史，积累了丰富的培育民族音乐人才的宝贵经验，向社会特别是向民族地区输送了大批优秀的音乐表演、音乐创作以及音乐理论研究与管理人才，为民族地区文化发展做出了重要贡献。社会不断发展，对音乐人才的要求也越来越高，如何培养出更好而且更能够适应社会需求的音乐人才，是当今音乐教育界面临的重要课题。尤其是我国民族地区，由于存在文化、历史以及社会结构的多元化特征以及不断发展、不断变化的特点，如何培养符合民族地区需求的音乐人才显得尤为重要，亦更为复杂。 问题的解决，不能单独依靠音乐教育，还必须依托多种学科的共同协作。

国内音乐人才的各种培养模式已形成了一定规模，各级音乐类专业院校以及师范类院校一直致力于这方面的实践，但对于民族音乐创新人才培养模式的探索，则一直是学界公认的难点。中央民族大学音乐学院的音乐学专业依托于中央民族大学丰厚的学术资源，联合相关学科，形成集民族音乐学、民族音乐表演艺术、民族音乐创作理论及民族音乐教学实践为一体的治学模式，重点探寻民族音乐教育的创新理论，以培养具备较高表演艺术水平和民族教育理论修养的音乐人才，其突出特点在于研究和探索适合于中国民族地区多元文化特征的民族音乐教育理论、教育模式，培养符合社会需求，特别是符合我国民族地区多元文化特征的音乐人才。

多元的文化必然需要多元的认知，单一的音乐教育理论显然不能解决多样的音乐教育问题。多年来，由于我国音乐教育界对民族地区音乐文化以及音乐教育的关注不足，这方面的了解和认识与现实有一定差距，民族音乐创新人才培养模式的探索恰恰能够弥补这方面的不足。运用普遍的音乐教育原理去探寻特殊的民族音乐教育实践，不仅对我国民族地区音乐教育事业的发展具有积极意义，而且对民族地区民族音乐文化的保存、继承和发展都会起到重要作用。

《新世纪民族音乐创新教育丛书》是继“民族音乐创新人才培养实验区”建设之后启动的“第二批特色专业建设点”（音乐学）项目的建设内

容，主要从国内外民族音乐教育领域的创新成果中筛选出具有一定创新性、代表性和鲜明民族特色，并适合于21世纪我国民族音乐创新教育的理论建设与实践指导的论著、教材和音乐作品，旨在实现民族音乐教学内容与教学理念的不断更新、不断完善。

2011年3月

贺 词

再次衷心地感谢中央民族大学校领导及音乐学院院长包爱军教授对亚洲双簧协会的大力支持和赞助。特别感谢亚洲双簧协会副会长中央民族大学音乐学院朴长天教授对亚洲双簧协会的大力支持，在他的努力下于2019年在北京成功举办了第四届亚洲双簧协会年会。更令人感到荣幸的是，年会论文集《区域化与民族化——第四届亚洲双簧协会年会暨双簧乐器国际学术论坛论文集》，现将由中央民族大学出版社出版，感谢各位同仁对亚洲双簧协会的支持。

亚洲双簧协会成立于2010年，协会的宗旨为联合亚洲地区双簧管类乐器的精英演奏家、教育家、学者以及亚洲各知名音乐学府优秀学生资源，致力于将此类乐器相关之演奏、教育与教学、研发与推广，交流亚洲各国拥有民族特色的双簧音乐作品的创作改编以及研发工作，并服务亚洲地区双簧类乐器青年演奏家，提供他们在演出、职业生涯等各方面所需。这同时也与国际双簧协会之主旨精神相呼应。

参与此次论文集编写的是来自中国各地的双簧乐器专家们，他们对音乐的热爱以及对双簧乐器演奏及教学的高度专业水准，奠定了亚洲双簧乐器未来的发展，并发挥无可替代的巨大作用。

诚挚的祝贺！

亚洲双簧协会　主席

Yoshiyuki Ishikawa　石川善之

前　言

亚洲双簧协会全名为Asian Double Reed Association，简称ADRA。该协会创办至今已十余年，其影响力涵盖世界各地，包括中国大陆、泰国、日本、新加坡、韩国、美国及中国台湾地区、港澳地区等。协会组委会由来自亚洲著名双簧管与巴松演奏家教授代表组成的筹备会，于2010年3月在香港共同创办协会。宗旨在于联合亚洲地区双簧管乐器的精英、演奏家、教育家、学者及亚洲各知名音乐学府优秀学生资源，致力于将此类乐器相关之演奏、教育与教学、研发与推广、交流亚洲各国拥有民族特色的双簧音乐作品的创作改编及研发工作，并服务亚洲地区双簧类乐器青年演奏家演出、职业生涯等各方面所需。

协会第一届年会于2011年在泰国举行，第二届年会于2013年在中国台湾举行，第三届年会于2015年在日本举行，第四届年会于2019年在中国北京举行。第四届亚洲双簧协会年会由中国中央民族大学音乐学院承办。以“双簧乐器区域化与民族化国际学术论坛”为题，第一次增加了学术论文并进行了宣读，推动了学术交流。优秀演奏家在年会期间举办了两场音乐会，并进行了学术讲座、大师课等活动，受到国内外音乐界好评与赞誉。

亚洲双簧协会第四届年会主席由亚洲双簧协会副主席、年会艺术总监朴长天教授担任，并主持了年会的开幕式。中央民族大学音乐学院院长包爱军教授参加并进行嘉宾致辞，随后由双簧协会主席石川善之教授致辞，年会艺术总监、协会副主席朴长天教授先后发言，介绍年会具体内容及细节。

年会期间，举办了理事及主席团成员音乐家音乐会，两场音乐会均受到了与会专家的好评。会议期间，在北京音乐厅成功举办了“朴长天教授从教四十五周年师生音乐会”，朴长天教授亲自登台演奏了《莫扎特C大调协奏曲》《罗西尼变奏曲》《加布里安》等曲目。亚洲双簧协会与会专家教授及参会者前往观赏了音乐会，此次音乐会受到了国内外音乐界专家同行的极高赞誉，国内媒体报刊进行了报道，这是朴长天教授从艺50年的汇报演出，丰富了年会的内容。

此次年会增加了学术高峰论坛，协会会员论文提交和宣读。通过此次国际学术论坛，成功进行了亚洲各国双簧类乐器专家教授之间的学术交流。会后对亚洲各国学者专家提交宣读的论文，与会专家教授进行评审后选出优秀论文，由中央民族大学出版社隆重出版。论文集的出版，首先要感谢中央民族大学音乐学院两级领导的大力支持，感谢亚洲双簧协会主席石川善之主席及亚洲双簧协会秘书长邱诗涵博士（副主席），特别感谢编辑论文集过程中，担任文字修改投入大量精力、对协会论文集的出版发行进行了大量工作的中央民族大学音乐学院楚高娃教授。感谢亚洲双簧协会成员踊跃参加学术论坛，并提供高质量的学术论文。本论文集的出版将对国内外双簧类乐器的学术理论发展起到积极的作用。

亚洲双簧协会副主席
亚洲亚太管乐协会副会长
第四届亚洲双簧协会年会艺术总监、年会主席
中国音乐家协会理事
中央民族大学音乐学院教授
朴長天
2022年6月1日 于北京

目 录

教学与演奏研究

乐器与其他研究

教学与演奏研究

浅谈中国音乐艺术院校管乐教学体系建设与理论创新

——以民族艺术院校为例

朴长天（中央民族大学音乐学院）

管乐教学是民族艺术院校中重要的专业基础课程之一，也是技能类课程教学的重要组成部分。西方管乐教学在中国音乐艺术院校起步较晚，在民族艺术院校的发展更是近些年才逐步被重视。而民族艺术院校有着不同于普通艺术院校的特点，具有培养对象的多样性、专业程度的差异化、师资队伍的多元化等多种特点。因此，在全球多元文化背景下，中国民族教育多元化的发展趋势之下，民族艺术院校的管乐教学既要汲取西洋管乐教学中的精华、学习系统的教学方法，同时也要针对民族院校独特的教学对象，与我国特色的传统音乐和民族音乐相结合，寻找科学合理的教育培养方案，实施行之有效的教学方法，形成具有中国特色的管乐音乐教育。

一、西洋管乐教学现状

（一）学生的专业水平与文化结构成多样性

民族艺术院校是针对民族地区或非民族地区建立，以培养少数民族艺术人才为主的高等学府。其招生对象面向全国各少数民族地区的学生，既有维吾尔族、藏族、彝族等多个少数民族，同时也包括汉族。地域特点多样化，各地区教育资源、师资力量等因素的影响，学生专业水平也是参差不齐。边疆地区的学生普遍能歌善舞，艺术表现力很强，但是受师资力量的限制，专业技能较低。日常学习又受到语言方面的影响，对课程内容的领悟与理解有所差异，特别是对于交叉性的学科内容，接触得更是少之又少，对专业教学的进一步深化造成影响。

在当今多元文化的背景下，为了兼顾“对外适应”与“对内衔接”的培养模式，民族艺术院校需要针对学生的自身特点，利用少数民族善于表演的先天优势设计教学，既要培养等同普通音乐院校的人才目标，同时也要建立独特个性化的少数民族培养计划。

（二）专业课程内容与课程设置的单一性

国内的西方管乐教学沿袭西洋管乐传统的教学模式，建立在一套西化的教学发展框架之下，对于普通艺术院校的管乐教学比较适应，但对民族艺术院校而言，具有局限性与片面性。民族艺术院校设置的本意是培养少数民族音乐人才，但课程设置更多局限在西洋的音乐教学。虽然近年来民族院校也在强调对民族传统文化的重视与保护，提倡多元文化的发展，重视对综合型人才的培养，但在西洋音乐教学体系与民族音乐教学体系的融合中，并未找到更好的切合点。

（三）师资队伍的多民族性以及师资力量的缺乏

民族艺术院校的师资队伍也是多民族性的，既包括汉族教师，也包括很多少数民族教师。特别是考虑到民族文化的差异性、师资队伍的稳定性，民族艺术院校在民族政策与民族教育的规划下，合理配比师资队伍，从知识结构、学历构成、民族区域等方面加强队伍建设。基本上，各地区的民族艺术院校中，少数民族艺术教师所占比例较大。但相对于管乐教学这部分，管乐教师的师资力量是极为匮乏的。管乐方面的教学人才寥寥无几，大部分专业人士毕业之后进入交响乐团，少部分专业人才会进入高校从事管乐教学活动，这一部分教师中能够走入民族院校的只占少数。管乐教学师资力量的匮乏同时又反作用于管乐教育，忙于应对大量的专业课程以及辅修课程，无法更加深入地研究学科发展、进行学科建设，长此以往形成一种恶性循环，对管乐人才的培养造成不良影响。

二、民族院校管乐教学要处理好三个关系

（一）理想与现实的关系

理想与现实应该是统一的，现实是理想的基础，理想是现实的未来发展。但是，我国管乐课程的教学目标正处于理想与现实相脱节，预设理想目标在实际中难以达到的局面。民族艺术院校所处地理环境不同，内部生源的知识结构、区域教育的发展水平各有差异，师资力量更是各有不同，差异化比较明显。在这种情况之下，西洋管乐教学在民族艺术院校的重视程度、发展程度也是各有不同。在这种情况下，如何去构建本土化的管乐教学课程体系，明确专业的发展方向，如何利用有限资源发展本校的管乐教学，这必须站在现实的角度理性对待，要处理好理想与现实之间的合理

关系。

任何理论的实施都不是一帆风顺的，我们要在理论与现实的磨合中寻找连接点，运用现有的教学条件、师资力量、教学资源来弥补理想与现实之间的差距。

1.明确专业的发展方向

民族艺术院校管乐教学的培养目标一定要明确，专业建设方向要清晰，既要吸收国外先进艺术教育的精华，但同时也不要盲从，要清晰认识到本院校的目标定位、人才培养模式、特色学科建设，从中开拓思路，明确专业的发展方向。

2.专业发展要顺应国际化综合性的人才培养目标

教育的培养与发展必须与国际接轨，要顺应整个艺术教育发展的大趋势，特别是在管乐教学原本就源自西方这一背景下。因此，管乐教学不能脱离国际化的大环境，要跟随时代的潮流，吸收先进教育理论，同时推陈出新，结合少数民族的特色性、地域性，形成个性化的培养目标。

3.立足于现有资源，考虑到发展的持续性与稳定性

管乐教学的发展一定要建立在本校现有的各项资源，通过在教学中科学性、理论性的实践指导，形成特色性、本土化的教学模式、学科构建。这个过程需要不断地摸索，逐步修正与改善，每个环节不是在主观臆断之下的盲从，而是经过实践验证，对人才培养有整体性、稳定性与持续性的发展。

4.转变观念，提高认识，制定有效的教育评价机制

观念的转变是政策实施的前提。对于民族艺术院校而言，针对西洋管乐的教育评价自然要区别于普通的艺术院校。首先，要转变民族地区各级教育行政部门艺术教育的传统观念，加强他们对西洋管乐教学工作的重视程度，树立正确的办学思想和教学理念。其次，制定学校管乐教育工作的专项督导评估机制，监督和促进各项工作的管理和落实，引导学校管乐教学工作的发展方向。通过定期对学校的教学工作进行监督，强化音乐教育的管理，加强民族地区师资队伍建设，通过一定的奖励机制鼓励教师开发校本课程，逐步摸索出适用于民族艺术院校的管乐教学发展模式。

（二）传统与现代的关系

传统教学方法强调以教师为主体，以学科本位构建教学内容，现代教育观念则以人为本，学生是课程活动的主体，根据学生的兴趣、需要，联系学生的生活背景和经验设计教学内容。传统的教学观念是西洋管乐教学应该完全遵循西洋的教学理念，照搬西洋的音乐教学模式，即使在本土化的过程中也依然还是有着泾渭分明的界限。传统的教学过程就是硬式传授，“填鸭式”式的硬性教育，现代教学则打破教师与学生之间教与学的被动关系，通过探究式的教学方式引导学生、启发学生，激发学生的创造性思维和丰富的想象力。但是，在传统向现代的转变过程中，两者产生冲突。长久以来，教师习惯教材的主导地位，只会照搬教材内容进行授课，欠缺对知识创新能力和综合能力的运用，特别是要想将民族性的音乐内容拓展到日常教学，更需具备广泛的知识储备量才可以。此外，教学过程是师生间相互探讨、平等对话的过程。艺术教师习惯传统的教学模式，对于现代教育方法把握并不准确。教师如何转变传统的教学方式，如何实现教学观念的转变，如何实现教学方法的转变，是融合传统与现代之间冲突的重要举措。

1. 拓宽教师的专业知识结构，适应现代化的教学方法

民族艺术院校的管乐教学发展要想在西洋管乐教学的基础上，挖掘一套适用于本院教学发展的新模式、新方法，在传授西洋演奏技法的同时，结合民族学生的特点，将民族性的艺术内容结合其中，寻找适合的切入点，更加有效地提高学生演奏技能，形成本土化的学科构建体系，就必须加强自身对少数民族艺术的了解和学习，将民族艺术的培训与提高教师专业化发展相结合。通过校本培训的方式，将民族艺术教学纳入学校教师培训体系中，并制定相应的计划、目标以及培训方案。同时，学校可以聘请相关专家学者来校讲学、开展培训活动，也可以派艺术教师向拥有传统艺术技能的民间艺人请教。在这种理念下，教师要从艺术教学内容本身入手，将传统的少数民族音乐文化与现代的西方先进教学内容相结合，这样既符合现代教学的需要，又达到了传统艺术与现代艺术之间的融合。教师一方面融合了中西方的音乐文化，在传统与现代之间找到切入点，根据本校教学的现实状况、发展目标、学生整体文化水平、师资力量，构建校本化的教学发展模式，开发校本课程；另一方面，是对少数民族的传统音乐文化的传承与发展。

2.把握接受性学习与自主性学习的融合，要注意运用适“度”

这两种学习方法同样是相互配合，互为补充，要依据学生的知识水平、学习能力以及教学内容的难度有所侧重。学生具备的知识水平高、有自学能力，教师可以在教学中鼓励学生采用自主性学习、探究式学习的方法，但必须配合教师带有暗示、启发、引导意义的探究式教学过程。相反，如果教学内容比较抽象、晦涩难懂，学生难以自学掌握，那么教师就必须以传授的教学方式使学生获得基本知识，学生在接受性学习中逐步领会、理解、感悟。在此基础上，适当引导学生展开自主性学习，培养学生自主学习、主动思考、积极探索的能力。同时，学生在接受性学习过程中，教师要适当地提供可供参考的教材、各种资料，包括可利用的资源，使学生便于自主学习。可以看出，这两种学习方式也不能采用“一分为二”的观点，是在相辅相成中进行的。如果学生不具备这种能力，盲目地提倡自主性学习也会不利于学生发展，必须将接受性学习与自主性学习相结合，正确把握其中的“度”。

（三）本土化与他文化之间的关系

民族艺术院校西洋管乐教学的建构与发展是以西洋管乐教学理论为基础，以培养少数民族应用型、技术型人才为目标的教学形式。这一教学理论的建构不仅对自身管乐教学的发展有着很好的指导意义，更是对其他西洋管乐在民族艺术院校更好地发展有着重要的示范性与引导性作用。管乐教学在发展中，要处理本土化与他文化之间的关系，要依据教学大纲，完成规定的教学内容，同时也要根据教学定位和教学目标，利用现有资源，开发校本课程，编写校本教材。各种教材从多角度、多层面出发，不仅要结合中西方音乐的发展，还要融入少数民族传统音乐文化的内容，特别是体现该院校的专业特点和艺术特色。例如：在中国汉族音乐概论课程中加设中国少数民族民间传统文化，将少数民族文化与西方的音乐教学体系相结合，这样既能吸收西方音乐理论的先进体系，同时又能结合少数民族特有的艺术文化形成校本课程，为民族音乐文化的传播发展起到重要推动作用。

民族院校在教学发展中，要加强多元化教育的开放性与民主性。在开发民族地区地方课程和校本课程的过程中，应注意做到以下两点：第一，课程的开发要增进国际间的合作与交流，经常委派教师出国进行考察、培训，引进发达国家的教材，鼓励教材编写方面的国际性合作；第二，将少数民族的多元文化融入到课程设计中，把不同民族的音乐资源作为相关课程内容进行开发。同时，作为培养专业管乐演奏人才的高等院校，在教学过程中一定要重视相关文化素质的培养，把技术教育与全面的文化、艺术、音乐修养结合起来，才会使我们培养出来的人才不仅仅是一个灵巧的匠人，同时是一个有着广泛中外文化背景的演奏家。

三、民族艺术院校管乐教学新理念

民族艺术院校的管乐教学一定在坚持音乐教育多元化的课程理念下，以传承与弘扬民族音乐文化、发展西洋管乐的教学理念为办学宗旨，努力构建特色的学科体系，同时也要做到文化的兼顾与平等，开发适用于少数民族学生特点的教学方法，做到中西兼顾，既促进不同文化间的相互交流，又加强少数民族学生民族意识感，培养全方位、多层次、多民族的优秀人才。

（一）立足现实，探寻科学化、合理化的教学模式

民族艺术院校管乐教学的发展，不同于一般性艺术院校的管乐教学。多年来，管乐教学模式一直沿袭西方欧洲的教育理念，教学方法、教学思路、教学体系都是遵循上百年来西洋管乐教学的传统模式，是在传统模式基础上开发校本化、地域化的学科建设。但归根结底，还是在大框架下的细微调整，甚至是照搬不动。传统艺术院校西洋管乐教学必须从全盘西化的教学理念、教学体系与教育思想中解脱出来，并在多元化教育思想的指导下，寻找适合本院校管乐学科建设的教育理念和指导原则。一方面，要认清民族艺术院校管乐教学的主旨在于传承与弘扬少数民族音乐文化，构建中国少数民族音乐的教学研究理论，实现科学系统的学科体系。管乐教学的基本理论一直沿袭着西方欧洲的教育思想，但随着教育主体的差异性与多样性变化，教学理念的主体性与创造性发展，西方教育理念的适用性势必发生改变。

另一方面，要在融合西方音乐教育知识体系的同时，着眼于本民族艺术院校的特点，融合中西方的音乐教育理念，形成两者结合的音乐教育框架。既吸收西方先进的课程理论体系，又综合中国五十五个少数民族的经典文化；既形成综合性、多元性的音乐教育理念，又加强少数民族学生的民族认同感。

（二）搭建符合民族艺术院校发展的管乐教学体系

管乐教学体系的形成与完善需要在民族艺术院校现有资源基础上，从教材建设、课程设置和师资培养等诸多方面着手，秉承着融合中西方音乐教育的思想，传承与发展少数民族的音乐文化，构建符合少数民族管乐教学的学科体系这一思想。民族艺术院校应根据自身院校的独特性，借鉴西洋管乐成熟的音乐理论，开发校本课程，编写校本教材，以学科知识传承民族文化，以学科内容传播民族思想。

同时，学校作为夯实民族音乐文化传承的基础，培养民族音乐教育的重镇，教师是最具有影响力的传承者。高素质、高水平、综合型、多元化的教师队伍成为搭建管乐教学课程体系的坚强后盾。新的教学体系要求教师必须具有综合性的知识学习能力，掌握与了解西方音乐教学体系的同时，还要加强对中国少数民族音乐文化的学习与掌握，要能够变通地将两者结合在一起，找寻适用于中国民族艺术院校管乐教学发展的新体系。

四、管乐教师的教育理念

（一）坚持多元化的教育理念

教师需要不断更新自己的观念，加强知识与技能的学习，重视实践教学的开展。能够正确认识多元化教育理念对民族院校艺术教育发展的重要意义。民族艺术院校的教学体系设置都是建立在西洋音乐发展的体系基础之上，教学模式、教学理念都有明显的西化痕迹。全盘西化式的教学方法势必会使具有鲜明民族特色的艺术院校不适应。管乐教师要从传统、固有的西洋管乐教学中走出来，打破传统艺术教育的格局，从教材、教学内容、教学方法、教学形式等方面开拓思路，以推陈出新、兼容并蓄的心态，借助多学科为基础的音乐研究理论视角，提倡多元文化的教育理念，在掌握西方音乐教学体系的基础上，充分吸收西方教学体系内容，从实际出发，加强对少数民族音乐文化的研究与学习，发展出适合少数民族管乐学科教学的整体教学思路。

1.坚持科学性与思想性统一的教育理念

教师作为教学的执行者，个人的教育理念影响着课程的实施。因此，教师必须在教学中做到科学性与思想性相统一的教育理念。教师采用科学的教学方法，对音乐的理解与见解、对艺术的追求和献身精神，对音乐素质的培养以及严谨的治学精神等方面都深深影响着学生，其对作品风格的理解认识，对管乐演奏法的运用及对教材掌握的深度和广度等多种因素，决定着教学原则与方法的科学性。如果传授的知识偏离了科学性、偏离客观实际，不仅削弱学生的基础理论知识、演奏技术，而且在思想上就会把谬论当作真理，主观上错误的理解问题、处理问题。因此，我们在教学中必须坚持历史唯物主义与辩证唯物主义的方法论，对作品诠释、技法运用、教学安排必须符合实际，要用科学眼光审视一切。

管乐教学同时还具有思想性原则。鼓励学生勇于探索、积极思维，培养学生积极主动的学习热情，勤奋严谨的学习态度，持之以恒的坚强意志，逐步掌握科学有效的学习方法。忽略思想性原则，就会使教育脱离正确轨迹，造成学生演奏质量降低、艺术标准下降、学习各个阶段之间脱

New Century National Music Educational Innovation Series

节，最终反而会扼杀学生的音乐才能。科学性与思想性的统一是提高教学质量的唯一保证。

民族艺术院校与传统艺术院校有很大差别，生源特点、师资力量、办学定位决定了其教学大纲、教学方法、教学内容都必须建立在具有科学性、实践性与可操作性的基础之上。通过个性化的教学方法，学生能够掌握管乐的理论知识与演奏技能，锻炼学生独立的思考能力和创造能力，提高逻辑思维能力。音乐教育只有将逻辑思维和形象思维结合起来，才能完美地完成教学任务。

管乐教学一定要在理论与实际相结合的基础上进行。管乐教学有个最实际的问题就是光说不练等于白说。管乐这门艺术的特点讲究实操性。大量的音乐理论课已经为学生的音乐基本素养打下牢牢的基础，管乐教师就是要帮助学生、引导学生将已经掌握的理论知识和管乐演奏实践有机地结合在一起。学生不是纸上谈兵的学习理论，而是在技能性的基础练习中、技巧性的提升学习中将此付诸实施。例如：在演奏协奏曲时，理论教学就是运用音乐史课的教学分析作品创作的时代背景、创作手法，运用曲式课的教学分析作品的曲式结构，找出各个篇章中的主题变化，分析主部、副部、呈示部、再现部等基本结构，提高学生对作品的理解能力和分析能力。有了相应的理论支持，就能够更好地获得演奏技术上的提高。

管乐教师必须要坚持科学性与思想性相统一的教学原则，并将这一原则贯穿到管乐教学的选材、课前准备、课堂授课、课下练习、期中观摩、期末考试、实践演出等各个教学环节中，做到科学性、艺术性与思想性的统一。

2. 坚持开放性与灵活性结合的教育理念

管乐教师还需要在教学中以开放性、灵活性的教育理念开展教学。当今社会正处于综合型多元化的发展时代，教师的观念必须以开阔视野、多元化的教育理念、开放的思想来对待艺术教学，摒弃传统的教学观念，需要把握最新的前沿动态，加强与国际、国内校际之间的交流，同时也要看到当今社会发展的需求，既要能够与国际间接轨，又能体现民族人才培养的独特性，坚持创新、突破。

（二）管乐教师的职责

管乐教师在整个教学活动过程中肩负着社会赋予的基本职责，即教书育人。作为教师，我们的责任不仅是完成教学任务，也不应只限于教授学生专业方面的技能，而是要从长远的角度考虑，为将来能够独立工作、为今后的事业打下基础、为一生目标开启创新的大门。因此，管乐教师在教授专业技术的同时，还要注意通过教学培养学生在学习过程中逐步获得分析问题、解决问题、意志、情趣、审美观、世界观、价值观、科学态度等方面的能力，养成一个独立学习的积极过程，不仅为学生将来独立工作打下良好的基础，同时也更好地开启深造创新的大门。

1.培养学生正确的审美观、艺术观

真正的音乐艺术不仅是演奏技能的展示，更是一项音乐审美观与艺术观的结合，每一部优秀的作品都是音乐美形式与内容的统一，都表达作曲家对客观世界的感受和丰富的内心世界。因此，管乐教师有必要培养学生对音乐作品正确高尚的音乐理解力和感悟力。诸如：什么地方是热情的，什么地方是平淡的；什么地方应该激情荡漾，什么地方应该朴实无华；那些乐段表现的是什么画面，哪些乐段是进入全曲高潮……只有这样长期地培养，才能使学生主动调动一切艺术手段来表现音乐内容，养成正确的审美观、艺术观，使自己的演奏达到理想境界。作为教师，我们要时刻铭记一点，我们的教学目的是培养学生成为一名具有高尚情操和全面修养的艺术家，是真正热爱音乐、献身音乐、能被音乐感动的音乐家，而不是机械的管乐匠。

2.培养学生学习的自主性

任何课程的学习如果是在积极主动的学习状态，而非被动式的学习，都会得到事半功倍的效果，管乐的学习也是如此。教学需要师生间的相互配合，是师生共同完成的一个过程。学生是教学的对象，更是学习的主体，教师主导作用的目的就是推动和激励学生学习的热情，使学生对学习产生浓厚的兴趣，变被动为主动，从而获得独立学习的能力。同时，管乐教学也是一门技巧性很强的艺术活动，囊括的知识、涉及的范围非常广泛，它不仅需要学生具有坚强的毅力并为之努力，更需要学生具有浓厚而稳定的兴趣，这样才会激发学生内在的潜力和音乐才能。教师在教学中如果忽略了学生兴趣的培养，无疑是给自己的教学设置一个巨大障碍。著名的教育家赞可夫也曾说过："教学法一旦触及学生的精神需要，这种教学法就能发挥出高度有效的作用。"

教师教学中，可采取多种适合的方法。如：教师将教学与音乐结合起来，以精湛的弹奏技术和生动讲解使学生深刻体会艺术的感染力，激发学生潜在的学习热情和兴趣；教师要善于以鼓励和赞扬的言语，对学生的学习成绩和态度给予肯定，使学生内心受到触动；经常鼓励学生参加各种学术型的交流活动，创造机会让其参加各种演出，学生受自尊心与自豪感的鼓动，内心的求知欲一定会增强，对学习的趣味也就更浓。总而言之，有效的方法很多，关键在于教师的引导和启发，只要教师有意识地注重教学方法的运用，将培养学生的音乐感受力和挖掘潜在的音乐才能作为首要任务，就一定会获得显著效果。

3.培养学生学习的持久性

学习是一件苦差事，管乐的学习更是一项既艰巨又富有挑战性的任务。从基础到技术，从乐曲的角度来讲，每一首作品都包含新的技巧、新的表现手法，都在速度、力度、表情、风格、韵味等方面独具一格。而且，管乐技巧是在长期的练习中积累而成的，一旦中途松懈或停止练习，手指的灵活度和敏捷性、气息的连贯性与流畅性、对音乐的敏感性与丰富的想象力都会慢慢减退。所以，作为一位管乐家或是管乐爱好者，如不能将管乐练习贯穿于生活之中，不能有坚韧不拔的毅力和持之以恒的决心是怎样也不能获得完美的演奏技能的；作为一名管乐教师，如果不能始终如一地坚持演奏，也无法给予学生更全面的教学指导。每一位成功的管乐家背后都凝聚着无数的泪水和艰辛，都是在长期不懈的勤奋和努力中取得成功的。所谓“天才出于勤奋，台上几分钟，台下十年功”，正是生动而真实地形容音乐艺术所要付出的辛苦。

因此，教学中管乐教师要时刻培养学生坚强的意志，帮助学生建立自信心，克服学习中面临的各种心理障碍，经常赞扬和鼓励他们对音乐艺术的执着追求和锲而不舍的决心。

4.培养学生学习的多样性

学习的方法有很多，方法的正确与否，不仅直接影响着学习效果，而且进一步影响学生学习的积极性。教师如果只是教授学生某一作品的正确演奏方法、技术处理和艺术风格，而学生只是单纯模仿，机械照搬教师的样子，势必会抑制其潜在的音乐才能，一旦脱离教师，学生将无从着手。因此，教师必须培养学生掌握科学有效的学习方法，教会他们获得独立分析问题、解决问题的能力，这才是管乐教学的最终目的。

教学中，教师要培养学生积极思考、善于根据练琴的规律制定科学有

New Century National Music Educational Innovation Series

效的练琴计划，明确练习的每一个步骤。如“从大到小”和“从小到大”的两个步骤，“从大到小”是指从了解乐曲的时代背景开始，逐步了解作曲家的创作风格、特定作品的创作风格、音乐形象，乃至每一乐段、乐句所表现的意义、演奏方法；“从小到大”指练习中从细节开始，以乐句为单位练习，再到乐段、乐章，逐步练习整首乐曲。这种由整体到局部再由局部到整体的练习方法也叫作“从大处着眼，从小处入手”。此外，还有慢练、快练、分手练习等多种方法。教师在教学中帮助学生逐步掌握音乐艺术规律，并积极发掘适合自己的练习方法，主动用科学的辩证思想分析问题、解决问题，并能举一反三，最终有效地提高学习效果。

同时，教师还应教会学生运用多种学习的辅助工具，使学生明白只是一味地练琴，不听录音磁带，不查阅各种音乐文字史料，学习效果也会事倍功半。因此，教师要在学生一开始学习时就督促其使用各种辅助资料，特别是音响资料，对管乐音乐的学习尤为重要。听取音响资料时，教师也要教会学生各种使用方法，一般是听自己练习的作品，欣赏多个管乐家的演奏，进行综合比较。首先，初步了解作品，广泛听取各个演奏家的演奏，对作品有个整体印象；其次，熟悉作品之后，要开始分析作品的基本结构，仔细听辨音乐家对音乐音色、力度、速度、呼吸等方面的控制，通过模仿与分析的方法，深入学习该作品；最后，结合众家之所长，形成自己的音乐理解与音乐表现。这样能使学生在学习中找到乐趣，不仅提高了学习的主动性，增强了分析问题、解决问题的能力，同时也提高了学习效率，达到事半功倍的效果。

5.培养学生良好的心理素质

临场紧张、怯场是学生登台演出或是考试时经常出现的问题，老师、观众的目光给他们无形的压力，以至于演奏时出现失态、音乐思维混乱或是间断、忘谱，一心只想尽早结束。这种现象是很普遍的，原因在于没有一个很好的心理素质。由于学生是单独上课，很难看到别人表演，学生之间的交流活动也很少，这使得学生无法清楚知道自己的实际水平，缺乏实践经验。教师在教学中，要经常鼓励和帮助学生建立自信心，加强心理素质的训练，经常举办各种音乐会，或是公开的小组课、学生间的各种专业技能比赛等，以各种实践活动的方式，鼓励学生积极参与。这样，一方面可以激发学生的表演欲望，调动学生主动学习的情趣和热情，让学生在交流和友谊中建立自信；另一方面，训练学生临场发挥的应变技巧，积累舞台演出经验，提高驾驭全曲的能力，增强自身心理承受力，做到“处变不惊”。这样学生才能全身心地投入到音乐演奏中，才能发挥出真实的水平。

（三）教师自身的艺术修养与专业技能

教师是人类文化的传递者，自身优秀的职业品质、崇高的事业感以及强烈的责任心，都会对学生产生重要的引领与示范作用。在教学中，管乐教师既是知识与技能的传授解惑者，又是思想与道德的教育者；既是学生值得信赖的朋友，又是学生学习的榜样。因此，管乐教师必须提高自身素质和修养，逐步发展成一支高水平、高素质的教师队伍。

1.具有良好的责任心与事业心

教师是学生值得信赖的人，教师的一言一行都会成为学生的模仿对象，并在潜移默化中影响学生的行为、思想和观念。因此，作为一名教师，必须具有举止文明、为人师表的风范，具有道德高尚、高风亮节的品格，具有严以律己、不断进取的精神，并将这份精神始终以饱满的热情、严谨的任课态度投入到教学中。

管乐教师作为“人类灵魂的工程师”，需要明确自己一生为之奋斗的目标——把学生培育成新一代音乐事业的优秀接班人。只有心中有梦想，才会把培养学生当作自己的使命，才能全身心地投入到提高教学质量、发展高水平音乐人才的事业中。一位优秀的管乐教师会孜孜不倦地教诲和培养每一位学生，以自身言行举止感染学生，不断探索钻研，在教学中提高自身的修养和素质，坚持为祖国的管乐事业献身。

2.不断提高文化修养与艺术审美修养

音乐教学的灵魂就是培养高尚正确的审美观、艺术观。管乐音乐是一种美的表现，如何让学生鉴赏、创造、表达出最完美的音乐，首先取决于教师。管乐教师审美水平和修养的高低都会直接影响学生的视觉观点。由于许多音乐艺术表演者文学水平有限，在口述表达中存在一些错误。还有些老师具有多年的教学经验，在音乐理论方面却缺乏严谨的逻辑性和科学性。这样的教师培养出来的学生只能是音乐匠人，而非艺术家。音乐是与政治、经济、文化事业同步前进的，在各个历史时期出现的文学家、戏剧家，很多也是音乐艺术家。由此可以看出，音乐与文学是紧密相连的。对西洋管乐器来讲，从事研究与教学的专业教师更要重视中外文化修养的提高。自身的文化修养得到提升，艺术方面的审美与鉴赏能力也会随之发展。因此，管乐教师要具备较高层次的文化修养与艺术审美修养，是管乐教师必备的专业素质之一。

3.演奏技能与理论知识兼顾

管乐教学是一个实践和理论相结合的过程，两者是相辅相成、密不可分的。只有理论基础而缺乏实践经验，教学工作也是无法深入、细致展开的。古往今来，每一位优秀的管乐教师都必然是一名出色的管乐演奏家。因此，教师必须坚持不懈地练琴，一方面在练习中总结各种难点重点，探索、掌握更科学有效的演奏方法，勤于钻研，不断提高自身的业务水平；

另一方面，扩大教材运用的范围，接触大量不同时期、不同风格、不同作曲家的优秀作品。只有教师自身演奏水平的完善与提高，才能打破传统的教学观念、教学方法，找到更积极有效的教学手段。

同时，管乐演奏离不开音乐基础理论知识，作为一名合格的管乐教师，首要要明确我们培养的是具有高尚情操和全面修养的艺术家，而不是只会手指操练的匠人。这就需要教师必须不断拓宽自身知识结构的深度与广度，不仅要谙熟管乐演奏技艺，更要了解管乐发展史、管乐演奏史、管乐音乐史。同时，管乐教师还要加深对交响乐、歌剧等多种体裁音乐作品的欣赏，以及文学、美术、戏剧、舞蹈等姐妹艺术的浏览与学习，使管乐教学触类旁通，深入浅出，造就学生成为具有多方面知识修养的艺术家。一个具有渊博知识、全面修养的教师，很容易获得学生信任，给学生以人格上的感召。

4. 多元化的教学理念与创新性的教育思想并存

21世纪多元文化格局使管乐教学领域的发展呈现复杂趋势。管乐教师要想使教学不断获得提高，教学水平登上新台阶，就必须积极探索和研究各种教学方法，研究管乐教学改革与发展的最新动向，将国外具有先进意义、符合我国管乐教育制度的经验纳入到教学活动中，博采各国教学之长。教师要加强分寸感、把握度，懂得运用教育学、心理学规律改善和丰富管乐教师的教学艺术和手段，达到师与生、教与学的默契配合，提高教学成功率。这是一名成功管乐教师所必备的素质。

创新是民族的灵魂，也是素质教育的灵魂。在21世纪，综合国力越来越体现在民族素质和创新型人才上。在教学中，教师必须重视培养学生的科学精神和创新思维习惯，培养学生收集处理信息的能力、获取知识的能力、分析问题和解决问题的能力。这就要求教师要有新的教学观念、新视角和不断探索的精神，站得高，看得远，只有具备创新精神的老师，才能培养具有创新能力的学生。

五、总结

教师，是人类文化的传递者，是最高尚的职业。艺术教师要具备优秀的职业品质，为人师表，教书育人，热爱自己的学生，有崇高的事业心和强烈的教学责任感，严格要求自己，有理想，有目标，有追求，提高思想觉悟和业务水平，不断地学习和进步。作为专业教师，不仅要掌握较高的演奏理论水平，还要具备专业演奏的特殊技能，要有理论教学能力，把音乐理论教学和专业技能的教学相结合，详细了解中外音乐史，音乐教育史和当代中外音乐发展的概况，从音乐艺术角度，把高层次的理论传授与实际技能的教学相结合，培养出适应社会需要的高级艺术人才。

双簧管教学中训练音乐记忆的重要性
——关于背谱演奏

金京春（中央音乐学院）

著名的俄罗斯音乐教育家康·德·乌申斯基在他的论著中写道：“在教育学中越来越重视运用好的记忆力进行背诵学习，这一学习方法早就该受到重视。”音乐记忆对于音乐家的重要性不言而喻。

吹奏管乐器时熟背乐谱的问题在20世纪就被讨论过。今天仍然有许多人提出这样的问题：应不应该熟记乐谱？一些人认为应该，而另一些人认为不应该强迫识记一些专业的东西，不应该把时间花费在背诵一个乐曲上，而应该多学几首乐曲。

这个问题涉及单独吹奏管乐器。20世纪30年代在苏联教学法中，莫斯科柴可夫斯基音乐学院教授C.B.罗扎诺维提出并论证了必须在实践中不断地提高管乐器音乐家的音乐记忆的学说，并在音乐学院附中的教学大纲中规定学生考试和举行音乐会必须是背谱演奏的。

在我国的音乐院校，钢琴、提琴专业多年来也在日常教学和考试中把背谱演奏作为共识来实行。而管乐器专业关于背谱演奏就没有统一的要求，而是根据每个老师的教学习惯来掌握。笔者自2005年开始在中央音乐学院附中管乐学科开始尝试推行学生考试采用背谱方式演奏的规定，在全体师生的共同努力和支持下很快顺利地实施，对推进附中管乐学生的演奏水平起到了积极的作用。

近些年来，附中管乐学生在参加圣彼得堡穆拉文斯基国际管乐比赛、海参崴国际青年演奏家比赛等国际赛事中都在管乐各项专业中取得了出色的成绩。而熟练的背谱演奏是参加这些国际赛事必须遵守的规定。自2016年以来，中央音乐学院附中更是把背谱演奏的要求统一写入招生简章有关所有器乐演奏专业的考试规定中。那也就意味着背谱演奏不但是专业艺术院校学生的必修课，也进一步变成选拔优秀专业人才的必要条件，这对于国内的演奏专业艺术教育是一个划时代的里程碑！

记忆力是人生活和活动必须的能力，对于音乐演奏者而言更是如此。通常，学生的记忆必须得到持续、系统的训练。音乐记忆当然应当和其他的音乐能力（包括音乐听力、节奏）一起加强，也是提高其他能力的前提条件。俄罗斯音乐家鲍·米·捷普洛夫的研究证明，掌握一种音乐能力要以另外一种音乐能力为基础。“因此一种音乐能力的掌握需要另外一种能力。所有音乐能力的产生和发展都是在学生的音乐活动中逐渐进行的（最初当然是在该活动最原始的方式中进行的）。”所以，笔者在教学时通常要求学生把所有上课内容都背下演奏出来，包括音阶、练习曲、乐曲。我发现无论是大学生还是中学生，甚至是七八岁初学的孩子经过认真练习都可以很轻松地做到这一点。

俄罗斯双簧管教育家普谢奇尼科夫院士曾给笔者讲过一个例子，举世闻名的大提琴演奏家罗斯特罗波维奇曾有一段时间在柴可夫斯基音乐学院任教，许多学生慕名而来找他上课。一次，一名很不错的大提琴手第一次进入他的琴房准备上课，他遍寻了各个角落都没有发现谱架，所以他就疑惑地询问罗斯特洛波维奇这个问题。大师的回答是："请你依靠记忆背谱演奏所有你想和我学的音乐。我可以保证你所拉的任何音乐我都可以背着演奏，如果你还不能，那么也许你还没有准备好跟我上课。"那个学生恍然大悟，然后羞愧地开始背谱演奏了。不久之后，这个学生在国际知名比赛中获得第一名。从这个例子中我们得出一个结论：标准决定水准。

音乐听觉要具备节奏感和音乐记忆。通常，音乐听觉好的学生记东西比较快，也显得比较轻松。这在优美动听的乐曲（曲调）中体现得尤为明显，背谱演奏时被"解放"出来的注意力转到听觉上会提示学生演奏旋律的悠扬性和流动性。

注意力是加强音乐记忆的重要因素之一。注意力不集中就很难发展音乐记忆，就不会养成任何技能。根据这一点，康·德·乌申斯基写道："对于教育者而言，注意力非常重要，主要体现在以下三点：1）就像气压表，通过注意力可以判断学生的发展和方向；2）就像一扇大门，通过注意力教师可以获取打开学生心灵的钥匙；3）就像面对要加工的原材料。"教师应从最开始教授吹奏管乐器时就不断地、有针对性地强化学生的注意力。

通常有两种记忆方法：有意记忆和无意记忆。有意记忆是基于一定时间内演奏者学习作品（作品的一部分）的意愿。无意记忆是机械的多次重复音乐材料，演奏者并没有刻意熟记作品。用这种方式记忆是不牢固的。

总体而言，音乐记忆并不是某一种特殊的记忆方式，而是有选择性的、混合的记忆方式，这种记忆方式通过一定方式和音乐家的发展个性联系起来。在长期的训练过程中，演奏者逐渐形成自己的职业记忆。在现代音乐教育学中，根据记忆方式和记忆信息的时间，通常把记忆分为以下几种基本类型：听觉记忆、视觉记忆、形象记忆、感情记忆、动作记忆和口头记忆。

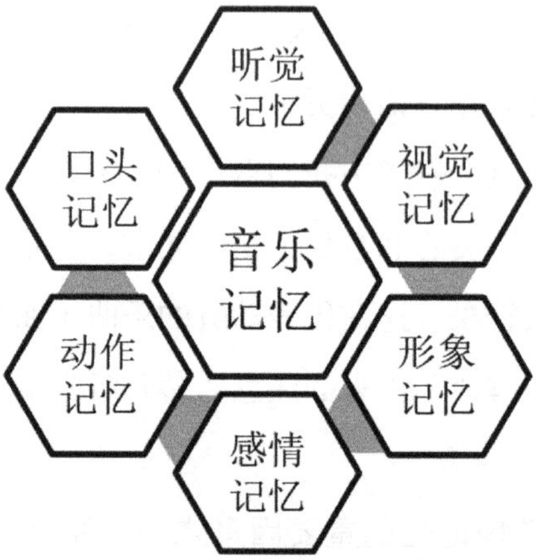

听觉记忆是音乐记忆的基本类型，它是一种对音乐作品要求的音键、音高和节奏特点的理解和记忆。首先应该熟记动机，然后是乐句，接着是句子和乐曲的总体结构。在对展开部的记忆中，首先是记单个的句子、片段（例如：模进），然后是对整个材料的记忆。在对再现部的记忆中，首先应该把和呈示部的对比考虑在内，确定总体相似度，是否完全再现？确定调性关系是否有变化、补充、缩减还是保持不变。吹奏时，从满足听觉的基础上自如的加进符合旋律要求的动作、肢体语言，甚至面部表情：向上或者向下，慢或者快，忧伤或者灵动，等等。在学习的过程中，吹奏者的情感及与之相联系的所有东西对背诵都有帮助，所有的背诵都应该是在有感情抒发的基础上进行的。

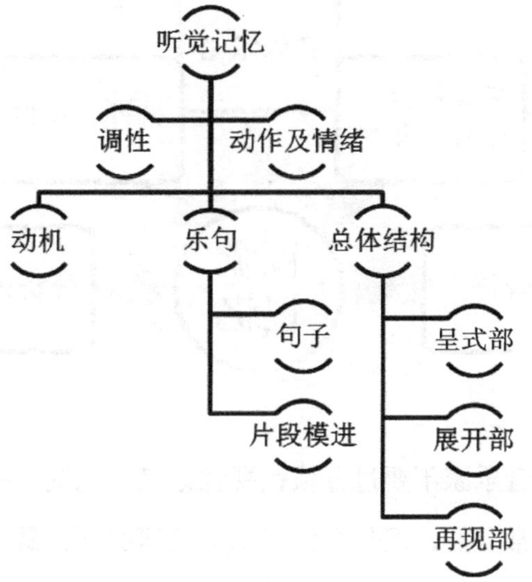

在实际工作中，音乐家必须具备视觉记忆，强化视觉记忆时应该考虑到学生的发展情况。吹奏者应该养成不看音符的习惯，在合上乐谱的时候能够复述出来，对学生视觉理解的培养应从最开始上专业课时开始。打开乐谱来学习新的作品时吹奏者应该看下乐曲的标题、作者姓名，关注一下是原著还是改编的作品、作者的出生年份，音乐术语是用意大利文、德文还是用法文写的，有哪些细微的差别，作品有什么样的速度和调性，等等。然后转入分析乐谱，应该训练学生在脱离乐器的情况下熟记乐谱（用眼睛看乐谱），首先是动机，然后是乐句（分析联系组成乐句的动机）。这项工作应该从学生初学的时候就得到定期、系统的训练。

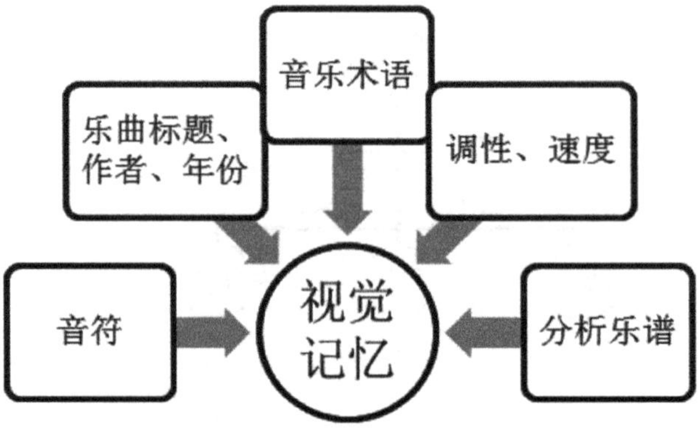

同时应提醒音乐家不要过分依赖视觉记忆。无疑，视觉记忆就像绝对的听觉可能会非常有益，但是在没有乐谱的演奏下，是完全不需要的。尤其是在演奏有指挥参与的合奏或在乐队中时，练熟乐谱甚至背下所有双簧管声部分谱对随时接受指挥的动作与交流信息至关重要。

管乐尤其是双簧管乐队演奏家在乐队中承担着大量的独奏片段，古今中外的作曲家们经常性地赋予双簧管演奏者们最优美而重要的旋律任务。而乐队的灵魂——指挥便会尤其关注双簧管手的演奏，常常喜欢更多地提示双簧管手自己对音乐的诠释，有些富有激情的指挥这种诠释有时到音乐会正式演出时还在增加新的灵感。他们通过动作、手势、眼神甚至不客气的言语在不断地对乐手施以指导和影响。尤其是乐队双簧管手必须尽可能多地看指挥，至少是用余光感知指挥的节奏韵律和音乐方向。一个双眼自始至终离不开乐谱的演奏者肯定不能很好地胜任乐队演奏家这一职业。

这里有一个真实的例子：我有一个很努力的学生很小就在多个学生交响乐团担任双簧管首席，可是人们都不知道有一段时间他的眼睛因为患上一种医学上少见的“视界困难”的病症，只能看到眼前很有限的一部分视野。在乐队演奏时如果他看谱子就不能够通过余光看到指挥的动作，这个问题困扰着他。最终他居然做到了把所有要排练演出的音乐作品从头到尾背下来再去排练，这样他就可以盯着指挥演奏了。最终在正式的演出中他出色的完成了演奏任务。要知道这些作品中包括贝多芬的交响曲、霍尔斯特《行星组曲》等这种大部头的交响乐。他的演奏得到了所有人的赞扬。要知道，背旋律、节奏型容易，可是再加上许多的休止和空拍就很困难了。所以说管乐器专业背谱演奏是绝对应该而可行的，并且带给学生们的是更好的音乐整体性思维、耳朵听力的增强，以及表演性的协调感。

口头记忆与对乐谱的记忆有关，通过思维、推断，弄清楚作品的特征、结构和形式、调性逻辑、乐曲结构、声部进行、力度，以及作者在音乐作品中呈现出来的所有的艺术表现方式。在这里还包括分析能力，分析哪些是主要的，哪些是次要的，哪些片段比较难记，而哪些又比较容易记，分析原因是什么。在主要的教学法中应该指出：按意义把作品分为几个部分，在此过程中确定记忆的目标和方向；联系理论对乐谱的旋律、情感和结构特征进行逻辑对比，同时对比音乐结构内部的片段。

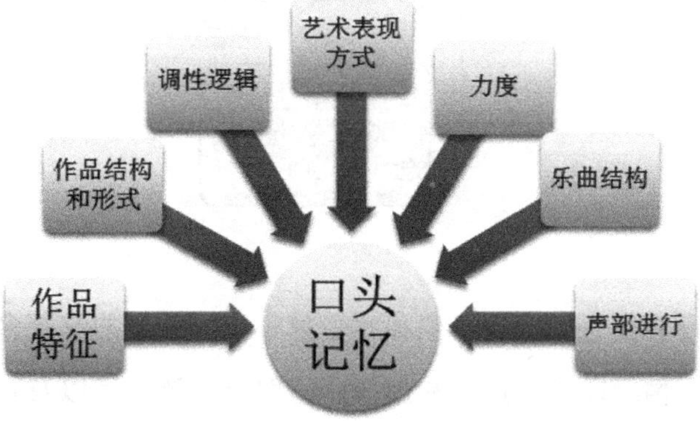

情感记忆首先是一种感觉记忆，指的是得益于对音乐感觉的理解有能

力在对比和对立现象中记住并且再现不同的内心状态，例如：高兴和忧伤，激动和平静，等等。对于音乐演奏者而言这一点至关重要，因为作品的创作过程具有社会性。俄罗斯音乐理论家雅·伊·米尔斯坦指出："毫无疑问，如果演奏者的意识里没有相应的预备性的信息储备，不能理解并重新认识要演奏的作品的内涵，那么任何作品都不能完成。这种预备性的信息储备，总量以及积累起来的印象、技能、在艺术作品的作用下复活的联想就像一个宝库，称为贮存库（拉丁语thesauros，字面意思是宝藏）。那该贮存库由哪些成分组成呢？首先是过去的经验、概念、知识、技能，也就是广阔的社会生活经验。其次是现在的生活经验（个人的或者社会的），包括印象、感觉、概念、行为。"

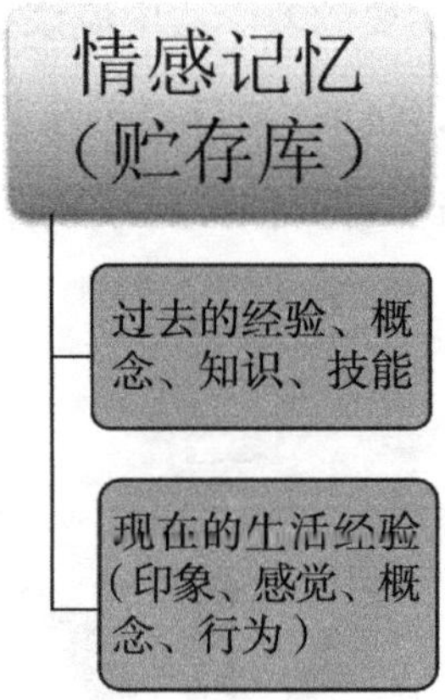

音乐演奏者拥有的感情形象和感受越丰富，就越能够更多的得到听众内心的反响。情感印象的形成和选择始终取决于该作品以及其中包含的艺术任务的音乐思维发展逻辑。

说到动作记忆应该指出，吹奏任何管乐器都存在复杂性。首先就是复杂的指法，含哨片深浅、以及呼吸等相关联的节奏、速度、快慢缓急。为了克服这些困难，只是理解或者理论上掌握是不够的，还要每天进行训练、背诵以及上文提到的其他记忆方法，即使这样甚至都不能够达到理想的效果。需要反复训练。有时为了圆满完成作品，必须反复训练某些片段、乐句以及旋律要求的经过句。显然，无目的地、机械地重复是不够的，需要的是有目的地、针对性地练琴。随着力度的改变、速度的变换等等，需要运用不同的节奏组合来促进练琴效果。教师应该针对学生所遇到的难题，及时给出建议。

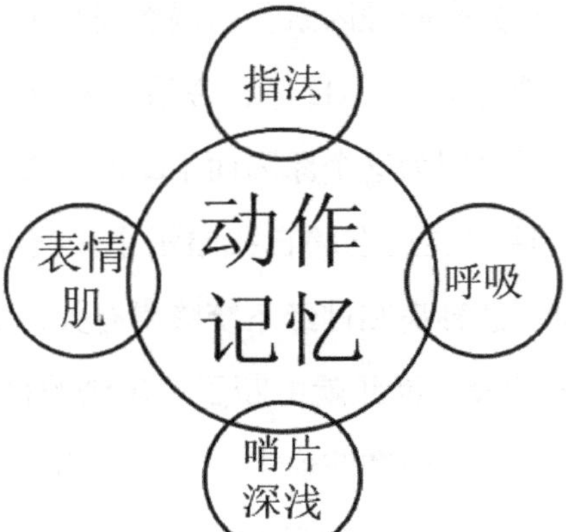

还应该指出的是，每个人的反应不一样，有的人反应快，有的人反应慢，这可以在机械复杂部分的表现中看出。这就是为什么必须靠系统的知识、多次重复技术方面比较难的部分（主要是复杂的指法）来加强动作记忆，让指法达到机械上的纯熟。

强化自己的舞台感在管乐家的演奏过程中能发挥很大作用，作为演奏家，在公众面前的表演过程实际上是一项复杂的心理过程。演奏者在舞台上要头脑清晰，他不仅是用手指、用唇肌和呼吸技巧在吹奏，也是在借助记忆、概念，饶有情感地向听众述说他的记忆与内心深处的活动。他所做的一切都是自信、准确的，因为预先做好的训练有了很好地施展。但有时记忆也会捉弄音乐家，这通常是由于曲目没有练习到位、研究透，演奏者自己关于强化音乐思维的所有细节的概念没有得到完善，没有把所有可能的记忆类型运用到工作中。在失败中时常存在技术疏漏（在有些片段、指法、演奏法和技术方法中存在困难）。还有一种现象为大家所熟知，演奏者练习时一切都进行得很顺利，好像一切都学会了。但是在舞台上或者考试的时候，却仍然会犯一些令人遗憾的错误，停顿、休止、记忆模糊等等。原因是什么呢？首先是心理因素，当偶然间犯了一个错误，甚至又犯了一个同样的错误，便引起了不自信、害怕、恐惧，也就是心理过分敏感，所以在演奏中音乐家因为这个原因而中断演出便不足为奇了。

这些现象的原因隐藏在病态的自我暗示中。演奏者开始害怕一些片段，甚至是一些音符。这种病和神经系统障碍有关，演奏者似乎能够提前感知到一些不成功的片段，因此就中断了对乐谱的自我感知。遗憾的是，这种现象也会出现在教学实践和演奏中。这就是为什么每一个教师在发现学生的这种情况时，就要细心地、毫不含糊地应对这种心理，找到针对这种现象的解决办法。通常，有经验的教师会建议学生平稳（有时候比规定的速度要慢）有意识地提高手指（比标准略高）演奏，或者吹奏那些重拍部分，健康地引导训练应该可以战胜病态的自我暗示。

休止间的记忆模糊多发生在不了解总谱或者分谱的情况下。应该不断让学生加强训练记忆力，我们背的东西越多，我们的大脑就越完善。

演奏作品的特点在很大程度上影响着背诵质量。如果音乐材料对演奏者（尤其是孩子）而言通俗易懂，那么他就能很快地掌握，并且也相对容易背诵。对此，一位著名的钢琴家在回答一位音乐家的问题“怎样才能更轻松地记忆”时回答道：“每个人都很难记住自己不感兴趣的东西，如果感兴趣的话，记起来就相对容易。我建议您首先要激起自己对要吹奏的乐曲的兴趣，这种兴趣通常随着对音乐理解的加深而产生。相应地，没有什么能像有效地音乐教育那样帮助提高记忆力。”音乐记忆是个系统的概念，因此吹奏者应从最开始学习管乐器时，就利用个人心理的所有资源，进行独立自主的、专心的训练。

总而言之，我们分析了教授管乐器时（尤其是双簧管）完善音乐能力（听觉、节奏和记忆）的过程。这一过程并不简单，音乐院校的教师在这一过程中起着很大的作用。对此，应该好好研究自己的学生，在此基础上让学生的音乐能力朝着正确的方向发展，其中也包括教师自身的能力，最终使学生在吹奏双簧管时有所造诣。

关于双簧管教学方法的理论与实践

赵尚杰（郑州西亚斯学院）

双簧管的教学方法一直以来都是沿袭传统模式，一成不变，但是如今的教育环境需要的是大力的改革和创新，才能顺应时代潮流。如何对双簧管教学方法进行创新，该往什么方向进行创新，该拟定一个什么样的目标作为创新的动力，是我们首先要考虑的。作为艺术和教学的结合体，究竟是应该以艺术为主还是把教学当作首要目标，这是我们目前必须要权衡的。本文将如何对双簧管教学方法进行创新和改革，并将其运用到实践当中去进行几个观点的阐述。

一、目前的双簧管教学模式

目前，我国的双簧管教学方法多数还是采用传统的教学手段进行授课，根据教学大纲，按课时完成定量的教学任务，达到预期的教学目标。教师通过对学生的授课并且定期检查学生演奏水平，作为对教学水平的衡量标准。在理论知识和演奏水平上，两者的重视程度还是各占一半的比例。所以说“平衡发展”是现在教学方法的主要目的。但是这种模式会导致一些学生在某些方面特有的天赋得不到培养，例如一名学生，在演奏上有很高的天赋，但是在理论知识上却极其欠缺，这就得不到好的成绩，久而久之，这名学生就会对理论知识加大学习力度，反而摒弃了其原有的天赋①。这种传统的教学方法存在着明显的弊端，久而久之一定会被新的教学方法所取代。只有将目前这种传统的教学方法进行改革，使其具有科学性和时代性，双簧管的教育事业才可以得到更好的生存和发展。

二、如何对双簧管教学理论进行创新

理论作为行动的基础，是不可以有一点方向性的偏差的。目前，双簧管教学的理论部分已经很完善了，但是这种完善的理论恰恰成为限制双簧管教学方法的一个重要的限制因素。有了一个固定的教学模式和一直以来被严格遵守的理论思想，在这种框架的束缚下，只能是在传统理论的前提下提高教学的效率，而难以开展对教学方法的创新。所以只有从思想上对传统的教学理论进行一定程度的质疑，并且时刻检验传统的教学理论是否还适应现在的教学模式和潮流，在对比和质疑中发现传统教学理论的不足之处，并针对这些不足进行一定的修改，这些细小之处的修改经过长期的积累之后，再次进行整合归纳，就可以得出对传统教学理论的改革方法和改革方向。总结之后得出，只有从思想上改变对教学理论的看法，才能发现其不足之处。对传统的双簧管教学理论进行创新，首先要有一个敢于创新的思想。

---

① 霍军：《创新教育理念下体育教学方法理论与实践研究》，北京：北京体育大学，2012年。

三、如何对双簧管教学方法进行完善和创新

（一）如何对双簧管教学方法进行完善

首先，要把教育方法的科学性放在首位，确保教学方法科学，并且教学方法要有丰富的人文性，教学思想必须以学生为根本。要想完善教学方法的不足之处，首先要对教学有着严谨的精神，而且教师本身也要不断提高自己的思想素养、演奏水平，并且用自己对艺术的追求来激励鼓舞自己对教学工作的热情。并且对教学工作进行不断的钻研和探索，在实际教学工作中发现教学方法的不足并对其加以完善。在教学过程中，一定要把感性教学和理性教学相结合，太过感性会导致教学风格不够严谨，太过理性则会致使教学内容僵硬化。

（二）如何对双簧管教学方法进行创新

传统的教育方法是“以学为本”，而新时代给我们提出的要求则是以人为本。从教学的角度出发已经很难再对传统的双簧管教学方法进行改革和创新，只有转变观念，把学生作为主要的研究对象，在教学的过程中根据学生的反应和情况来进行创新才能达到创新的效果。从学生出发，从学生的角度看问题，了解学生喜欢什么样的教学方法，什么样的教学方法更能引起学生的学习兴趣和对艺术的追求，将这些内容当作数据一样进行归纳，从而开发出新的教学手段。将新开发的教学手段应用到实际教学当中去，这样便形成了新的教学方法，从而达到了创新的目的。无论何时，双簧管教学面对的都是学生，只有当老师讲述的内容是学生心底真正渴望学习到的，讲课的方式才会是学生容易接受的，这样才能把教学效率变得最大化，从而达到一个全新的阶段。

四、如何在实践中进行双簧管教学方法的创新

新的理论和经过改革的方法，人们在思想上接受相对比较容易，但是如何将这种创新的教育方法应用到实际教学中去，则成为一个难题。在教学实践中只有不断地实验、不断地尝试才能将教学方法和实践做到完美的结合。首先要求教师有突出的执行力，当新的教学理论和教学方法决定应用到实际教学当中去时，要严格落实这种思想，并把这种思想和方法当作一种规范去执行。不能因为新的方法与自己习惯的教学方法有冲突，就随便的忽略掉新方法中的一些内容，造成新教学方法结构上的部分缺失。只有在思想上真真正正地接受了与自己习惯不同的教学理论和方法，并将其当作一种潜意识的行为准则去执行，做到没有晦涩感，才能在实际教学中将这种教学方法的作用发挥到最大的程度。换言之，不管是不是对双簧管教学方法进行了创新，无论是传统方法还是新方法，教师在授课时都要按照这种科学的方法去授课。只有教师完全的摒弃“自己的方法”，去用有理论知识支撑的科学方法去教学，才能做到教学方法在理论和实践上的统一。

五、结论

在传统双簧管教学方法是继续沿用还是应该接受创新和改革这一问题上，不同的人有不同的看法和言论。无论是继续沿用以前的教学方法，还是大胆的接受创新和改革，都要秉承着“以人为本”的思想来进行教学工作。善于发现学生身上的闪光点，对其独有的特点进行培养，使其原有的优势更加突出，才是新时代教育的主题。双簧管在不同的人演奏的时候会

发出不同的声音，不能完全要求学生只发出一种固定的声音，要发现学生的倾向性。是否能激发学生的学习兴趣，才是检验教学方法和教学实践成果的第一准则。

论双簧管演奏呼吸意识的建立与呼吸潜意识的培养

刘长鹏（西北民族大学音乐学院）

双簧管是西洋管乐器中最难以演奏的乐器之一，其乐器本身所特有的复杂性，对演奏者提出了较高的演奏要求，而科学、有效的呼吸意识的建立和呼吸潜意识的培养，是吹奏好双簧管的重要基础，它的建立可以帮助我们解决很多演奏技术上的难点，更是演奏者能够完美诠释音乐作品的必要基础性保障。很多优秀的管乐演奏者说过："演奏的艺术就是呼吸的艺术，当一位演奏者有了演奏的呼吸意识，那他的演奏就已经专业化了。"由此可见，演奏呼吸意识的具备，对于双簧管演奏者有着极为重要的影响，而在进行演奏呼吸意识的建立与呼吸潜意识培养的论述之前，我们必须了解演奏者在吹奏过程中具有怎样的生理特点。

一、演奏过程中呼吸的生理特点

在很多演奏者学习双簧管的过程中，经常会对呼吸的方式和呼吸的位置产生种种的困扰，比如：被老师所讲的"气沉丹田"这一较为抽象的道教术语弄得一头雾水，不清楚所谓的"丹田"到底在哪里；而呼吸时，气息的压力是由于鼓起腹部肌肉而产生，还是收缩腹部的肌肉而产生；呼吸时腰部吃力是否正常等。这些疑问，都只是片面的强调呼吸的位置，而忽视了演奏过程中呼吸的生理特点，以及身体各器官与气息之间相互协调与配合的整体性，这样的演奏必然是机械式的、碎片式的，必然会导致我们所演奏的音乐缺乏整体性和表现力。

其实，演奏者在进行吹奏呼吸的过程中，起着至关重要作用的就是“横膈膜”。通俗的理解，“横隔膜”就是人身体内部的肌肉群，是胸腔与腹腔之间的分隔，它的位置在心脏和双侧肺脏的下面，肝脏、脾脏和胃的上方，它就像一把撑开的大伞，平放在我们身体的内部，将胸腔与腹腔分隔开来。在我们吹奏的过程中，“横隔膜”随着呼吸的运动而上下运动。当我们吸气时，横膈膜向腹腔下移，腰腹部有明显的压力，同时，横膈膜的下沉能够增加气体在腰腹部的压强，使我们的腰腹部有着向外扩张的感觉，这一气体的压强给我们的吹奏提供着持久的动力；而在我们呼气时，“横膈膜”反向胸腔上移，腰腹部力量收缩，通过腰腹部和横膈膜肌肉群反向回弹的压力将气体向上、向外推出，从而能够提供足够的气息动力，并充分地振动哨片和乐器，所以很多演奏者在长时间演奏过后，会有腰部酸痛的感觉，这是十分正常的现象。当然，尤其对于初级双簧管演奏者来说，呼吸原理的理解与自如的运用，能够避免很多错误吹奏方式的产生，如：演奏者吹奏时出现胸闷、气短，甚至头晕的情况，这是因为采用了“胸式呼吸”的方式；演奏者由于横膈膜反向向上推出气息压力的不足，但为保证音准和声音的发出，而出现双唇“紧咬哨片”的本能生理反应；演奏者高音区吹奏困难且音色尖锐刺耳等一系列演奏技巧方面的问题。

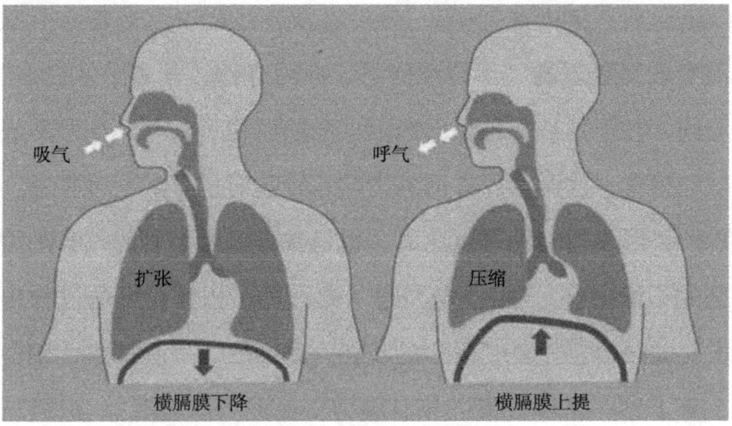

二、演奏呼吸意识的建立与呼吸潜意识的培养

演奏者在吹奏之前，大脑会给身体发出呼吸指令，让身体的各部分器官都参与到呼吸的过程中来，尤其是嘴、舌头、腹腔和胸腔之间的相互配合，这就是演奏意识中最为重要的一种意识 —— 呼吸意识。呼吸意识通常分为“吸 — 控 — 呼”三个有意识的步骤进行。首先，要有“吸”的意识，在演奏过程中我们需要根据作品的结构、乐句的长短、音乐表现形式的不同，有意识的决定吸气的量与吸气的速度，比如：较长的乐句需要我们吸入足够的气量，以保证吹奏的持续性，而较短的乐句如果也吸入过多的气量，则会增大演奏者身体的负荷，造成身体肌肉的过度紧张，反而会影响吹奏的稳定性；快速的乐句需要快速且有力的吸气，避免由于吸气间隔时间的过长，导致拖拍子的情况产生，而慢速的乐句则需要缓而沉的吸气，让吸气的律动与音乐的律动融合在一起，使演奏者能够更为自如、准确地进入演奏状态。正确的“吸”可以保证随后“控”与“呼”的过程能够持续、稳定的进行，从而保证了音色、乐句及作品整体感的质量。“控”

与“呼”的过程是同时进行的，“控”在演奏过程中就像是吹奏发力的支撑点，演奏者将吸入的气体持续向下、向后进行，并集中控制在腰腹部。而所对应的“呼”则是一种反向向上、向前的力量，与“控”形成一种抗衡、拉扯的感觉，这两种反方向的力量是相互对抗并共生存在的，是演奏者有意识的去形成的一种气息压力，也是吹奏时所必要的气息动力。随着演奏时间的不断推移，“控”与“呼”的力量在相互制衡的过程中不断减少、消失，此时，再重复“吸”的步骤，就形成了一套完整的演奏气息运动过程，有了这一循环往复的气息动力，保证了演奏者能够进行长时间、完整且有质量的演奏，使我们所演奏的音乐更具有感染力和内涵性。

演奏呼吸潜意识的培养是以正确的演奏呼吸意识的建立为前提，就是从怎么呼吸，到为什么这么呼吸，最后将演奏呼吸的律动与音乐的律动相结合起来的漫长过程。我们通过大脑对“吸 — 控 — 呼”这一步骤有意识的进行反复、多次的练习，最终达到一种潜意识的演奏呼吸运动过程，形成一种演奏呼吸的“条件反射”。这一潜意识的形成是演奏者通过大量的练习与长时间演奏实践的积累，而获得的一种演奏意识。需要注意的是，在培养呼吸意识时，演奏者需要结合所演奏作品的曲式结构、音乐风格特点等相关信息，有意识的把握并划分好吸 — 控 — 呼的“运动轨迹”，掌握音乐的分句与呼吸之间的内在联系，使整个作品的演奏停顿有序，符合作品整体的音乐语言要求，将作品的音乐特点完整、合理并恰到好处的表现出来。当演奏者能够通过潜意识在作品应有的位置进行演奏呼吸的时候，就可以把更多的注意力投入到音乐的处理与表现中来。

三、呼吸训练的有效方法

科学、有效的呼吸训练方法是双簧管演奏者需要重点学习的内容，为保证演奏者能够在短时间内吸入大量的空气，我们需要用嘴进行呼吸，而不是鼻子，在吸气前要保持吸气口型，明确吸气口型与吸气动作之间的先后顺序，并且在往复的吸气过程中要保持吸气口型的一致。吸气时演奏者的下颌骨向下运动，打开口腔，放松肩部和胸部，将气息朝向腰腹部吸入，气息不要一次吸得过满，以避免肌肉的过度紧张，同时，要为下一次的吸气留有足够的空间。呼气与吸气时都要利用腰腹部及身体两侧的力量。不同的是，吸气是扩张，而呼气是收缩，利用“横膈膜”对气息压力的控制，持续不断、均匀的向外呼气。初学者在练习时，可采用强奏的方式，将身体发力的感觉与气息融为一体，体会控制气息的方法，尽量做到音准、音色的平稳、一致。呼吸练习是一个长期的训练过程，练习者要科学合理地进行呼吸训练，切记不可盲目贪多，为以后的专业学习和提高打下良好的基础。

四、结语

对于双簧管演奏者来说，演奏呼吸意识的建立与呼吸潜意识的培养是至关重要的，如果在演奏练习的初期就对这一基础性问题产生疑惑，或演奏者长期以一种错误的呼吸方式去演奏的话，就会产生一种本能的、错误的演奏肌肉记忆，而这种错误的肌肉记忆在后期是很难去纠正的，势必会影响演奏者的专业水平发展。所以，对于演奏初学者来说，要多从演奏理论上进行深挖、理解，同时结合自身的实践，在保持清晰的演奏头脑与呼吸意识的同时，要让呼吸与身体各肌肉群形成正确的配合，且相互协调，从而形成由大脑意识控制到潜意识控制的转变，这样的学习过程会让我们少走很多的弯路，达到事半功倍的效果。

管乐器学习者如何提高练习效率

张甫强（解放军军乐团）

人们都明白一个道理：任何一种艺术门类的学习都不无例外的要寻找其规律，掌握其方法，领会其精髓。学习的过程本身就是对其内在规律不断寻觅、领悟、总结、完善、应用的过程。对于学习器乐的学员来讲也是如此：学习要“得法”这是成功的前提。

练琴是学琴过程中极其重要的环节，需要我们花大量的时间去刻苦练习，但是练习的效果却不尽相同，科学的练习方法可以取得事半功倍的效果。而错误的练习方法和不良的练琴习惯将会严重阻碍练习者的提高、进步，影响练习者的练习兴趣和自信心，甚至会让练习者对自身天赋、能力产生怀疑。所以练琴也需要摸索其规律——学会巧练。以下就是作者经过多年的练习实践及教学实践，总结出的几点练琴的心得体会，希望能够给学琴者有所帮助，供大家参考。

在进行练琴的实际操作之前，我们先要搞明白一个概念：音乐的节拍、律动是音乐重要的基础要素。它好比我们写汉字用到的“田字格”，在音乐中它起到一个“框架”“规则”的作用。所以我建议初学者先从节拍、律动入手，我们应该优先掌握的一个技术环节是：打拍子。因为对于初学者来讲，节奏律动的把控能力还尚未建立，所以练习者先得借助打拍子这个肢体动作的引领，来固化和强化内心不够肯定的律动。要知道，具备把握精确律动的能力是学习音乐的基本的要求，打拍子的动作就是为我们确立这种律动的控制能力的有效方法。

那么打拍子的正确操作方式是怎样的？我们知道，在实际的演奏过程中是无法用手来打拍子的，所以这个任务就只能交给我们的脚来完成，确切地说是脚趾而非脚掌，用脚掌大幅度的打拍子绝对是不可取的。如果是初学者我建议可先用手脚并用的方式来练习逐步掌握。手脚共同参与打拍子的原因是：如果要求初学者直接就用脚趾打拍子，这样做有一定难度。所以，可以请我们灵巧的手来帮助，引导笨拙的脚趾来完成这个任务，等脚趾可以独立完成打拍子的工作时，手帮助脚打拍子的使命就完成了。因为，我们的脚趾只能做简单的上下运动，所以我们的手必须也要和脚趾一样同步做上下运动，手将起主导作用，两者的运动模式必须要完全一致。脚趾打拍子的正确方法是：按照所需律动脚趾做直上直下小幅度的运动，上下运动速度要绝对平均，脚趾运动时要自然放松，特别抬趾的动作不宜抬得太高，否则容易造成肌腱紧张。同时也避免动作太大，打拍子的过程要以不被人察觉为宜，这是评判你是否科学掌握脚趾打拍子的重要标尺。动用脚趾打拍子的一个关键要领是：脚趾上下运动时动作要果断，要突出动作的颗粒感，脚趾向下运动时比较容易做到准确，但在向上抬趾的环节容易速度过缓，这样一来，上下动作所占时值不对等会大大削弱打拍子的作用效能。值得注意的是，初学者一旦习惯了错误的打拍子的方式，今后要改是很困难的，所以最初学习时确立正确的打拍子方法是十分重要的。

我们学习打拍子，最终目的是要为演奏服务的，那么对于初学者来说，如何将这一重要环节运用到实际演奏过程中并使其准确无误贯穿始终呢？下面将以一个初学者的视角，来完整表述练琴的全过程，希望能给大家一些参考。

当我们拿到新的乐谱后，先不直接在乐器上演奏，而是先从熟悉乐谱的基本节奏入手，依据乐曲速度要求，用手和脚趾同步配合打拍子，同时根据拍子律动用嘴哼唱出乐谱音符的节奏，如在同一音高上用da、da、da的发音唱出节奏。刚开始唱节奏时速度起得不宜太快，尽量避免出现错误，否则视谱初期出现的错误记录会形成日后很难更改的习惯性记忆，会严重影响到我们后续练习的准确性。具体做法是：通过开始的一两遍节奏视唱，我们先要找出相对复杂的难点节奏片段，将其单独列出来专门练习，逐一解决。如遇到较为复杂的节奏型，为了便于学生理解，可以在节奏下方用v字形作为节奏的一拍来做图示，在上面分段标明节奏中音符所在位置，帮助学生得出科学正确的分析、判断、把握，当难点障碍完全扫清后，再开始从头到尾完整串唱节奏。等我们的节奏练习能够达到自如流畅准确无误时，才可以进入下一个练习环节。音乐的节奏就好比是房子的房梁、框架，如果它的基础框架建得很好，可以说已经成功了一半了。那么我们进行的第一个练习步骤，其实是动用了我们大部分感官器官来共同参与的：1.眼睛看谱；2.嘴唱节奏；3.耳朵听；4.手、脚趾同步打拍子。这种全方位的感官投入，会大大提高初学者的专注度和视唱乐谱的准确率。

进入第二个步骤，我们以前面已经构建好的节奏框架为基础，加入一项新的内容：哼唱音名。音名是否正确，决定我们将来演奏出来的音符的准确性。不能出现错音，这也是音乐二度创作的最低要求。所以我们特别指出进入到这个环节，凡是谱面带有升号、降号的变化音符，我们唱谱时均需加入升和降的字眼一并唱出。这样唱的好处是：可对带有升降号的音符强化记忆，提高对变化音的敏感识别能力，确立音准概念以及提高演奏的准确性、把握性。同时在唱谱的时候要严格按照谱面要求，如强弱标记、力度标识、呼吸标记及其表情标识来歌唱乐谱，要像歌剧演员一样投入的唱乐谱。尤其是从现在开始我们唱乐谱的环节将作为一条主线贯穿后续练习的全过程，无论它将以何种形式存在（放声歌唱还是内心默唱），由此逐步建立起来的音响概念，将作为演奏者最终要达到的理想效果和终极目标而存在。它将始终处在一个高点上引领并指引演奏者以它为标准进行演奏。所以此时的唱谱环节是否严谨，感情是否投入，将决定我们正式演奏时是否能准确诠释音乐形象。一句话：只有唱得好才有可能演奏得好。另外演奏者歌唱乐谱的同时不要忘记我们的手和脚趾要继续延续第一步骤时的打拍子状态，同时每进入一个新的练习环节都要遵循从慢速开始练习，随着熟练程度的增加逐渐提速的原则；以及先突击解决难点，然后用从头到尾完整串唱的方法去练习。在第一步骤中遇到的节奏难点，在进入第二步骤仍然要将它圈定为重点关注对象。如果感觉某一段落节奏方面有难度的话，那么几乎可以断定它将是我们后续练习的攻坚重点。最后当我们完整唱谱练习能够达到相当的熟练程度时，方可进入下一个练习环节。

第三个步骤是在完全延续第二个步骤的基础上，加入一个新的练习环节：手在乐器上作模拟演奏——触键练习。这是谱面音符首次跟乐器结合。第二个步骤中强调的突出升降号音的唱谱方式，在这一环节中应该继续加以保持和关注。在这个环节中脚趾确立的拍子处于根基位置，歌唱音名在这当中是起引领的主导作用，而与音名同步进行的触键练习处于两者之间的中间位置，这样就形成了：眼睛看着乐谱，脚趾打着拍子，嘴唱着音名，手指摸着指法，调动身体各部分机能协同配合的立体练习架构，大大提升了演奏的准确性、把握性。在这一环节中重点要提醒的是：在实际演奏时会遇到一些指法方面的技术难点，及时捕捉和解决这些难点，是这个环节要完成的重要任务。面对这类技术困难片段，练习时需要很细致，有时需耐心地把音符拆开来慢速练习，但不论练习哪段音符，都始终不能脱离脚趾打拍子的基础动作。因为拍子是一把标尺，他能让演奏者在触键练习过程中准确划分各音符在拍子中所占时值和所在位置，从而大大提高演奏的准确性，同时这样也比较贴近实际演奏时的情形。进入触键练习环节，也就标志着开始真正进入演奏的具体操作阶段。因为最终音符之间的连接、转换、进行是要靠我们的手指来实现的。手指触键时机是否精准，手指运行是否均匀，直接关系到实际演奏效果。此时的注意力重心，应放在感知手指触键能否跟所唱乐谱完全同步。具体方法：在唱谱的同时密切关注手指转换时发出的轻微的触键声，实际操作时可以适当增加手指触键瞬间的棱角和颗粒感，来强化突出音乐与触键的同一性。切记触键声是自然按键状态下发出的声音，切不可错误理解为是为了配合练习刻意击打键子发出的声音，否则会无谓的增加手部肌腱的紧张感，将来会影响手指的运行速度，同时也会加快乐器软木垫和弹簧丝的老化速度，有百害而无一利。

第四个步骤在继续延续前三个步骤的基础上，增加一个新的重要环节：运用舌头参与，做吐音、连音模拟演奏的练习。我们常见的断音、重音、次断音、保持音等音乐标识在声乐、弦乐、打击乐、弹拨乐、拉弦乐等音乐门类中都有着各自独特的表达方式。对于相对特殊的管乐群体来讲，这些音效的发声方式就更显特别：它是靠我们人体的特殊器官——舌头来完成的，也就是我们所说的“吐音”。在这个练习单元中，我们将在继续延续前面的练习成果的基础上，举起乐器，将哨片放入口中，呈标准的演奏姿势，然后严格按照乐谱的标识在该用吐音演奏的地方，用吐音的方式在哨片上发出tu、tu、tu的声音来模拟实际演奏。此时音乐进行的依据就是靠我们事先通过唱谱练习建立起来的音响记忆，而在这一环节中的唱谱只能转换为心中默唱的方式存在，应该明确的是心中默唱旋律在演奏中所处的引领、主导地位始终不能改变。在此环节中我们的注意力重点要放在快速区分连音和吐音上来，刚开始进入吐音练习阶段时，可能会出现连音吐音混淆的情况，所以还要遵循慢速练习的方法和先从难点入手的方法来逐步完成，这也是练琴不变的规律。进入这个练习环节我们的状态跟实际演奏状态只是一步之遥，两者的唯一区别就是没有用足够压力的气流把它吹响而已，这样做的主要用意是要让演奏者在演奏初期最大限度地避免演奏失误，没有十足把握不演奏，要演奏就力求准确无误。准确无误演奏出来的音响效果会给演奏者回馈良性信息，长此以往可以提升演奏者的视奏能力的信心，确立音乐演奏的完整意识，从而大大提高演奏的准确率。在这个练习环节中，我们调用了：1.内心默唱音名；2.舌头连吐音跟进；3.手指按键模拟运指；4.耳朵识别监督；5.脚趾打拍子的全方位配合参与。

第五个步骤：在乐器上开始慢速度演奏。前期的分步骤逐级练习的内容将要在这一环节中正式合成。只有进入这个练习单元，才真正进入了实际演奏阶段。从开始接触新乐谱到最后在乐器上实际演奏，我们将这一看似简单的过程细化为五个步骤。每个步骤都有它明确的练习重点，同时还列举了初学者在每个环节中容易遇到的难题及其相应解决办法。这其实是构建了一个由浅入深、由易到难、步步为营、环环相扣、层层递进的链条式练习模式，它要求每段链条要具备同等的坚固度，任何一段的薄弱均会造成链条的断裂，最终会影响到我们的整体演奏质量。进入到第五个练习步骤时，我们通过前期的唱谱建立起来的音响概念已经形成了一定的音型走向的心理预期，这个概念化的心理预期就是我们将通过实际演奏要最终达到的目标、确立的标准。但是通常初学者刚开始演奏出来的音响效果可能会跟他们之前想象的心理预期有很大差距，这个差距如果是源于初学者在音准、音色、音的平稳度或连贯性等方面做得不够到位而造成的，那就大可不必着急，因为上述这些能力的建立是需要我们在老师的指导下通过长期大量的刻苦练习，才能逐渐掌握的。量变到质变是需要一个漫长的过程，这之间是没有捷径可走的。当然，如果我们发现问题是出现在如脚趾打拍子、音名、节奏、连音、吐音、音符时值、力度等这些链条环节中的时候，我们就必须要认真对待。首先要及时准确的判断出问题链条的出处，然后分析原因，慢速练习，直至将其彻底修复。对待这种链条模式中的薄弱环节，即便是暂时解决完毕也还是要多加关注，为了防止其出现反复，定期做加固练习，直至将隐患彻底消除。这类技术难点就好比我们常说的“木桶效应”中的那块短板：木桶最终能盛多少水，是由最短的那块木板来决定的。同样，音乐中困难片段完成质量的高低直接决定整首乐曲的演奏水准。所以，我们花费在解决难点上所用的时间和精力应该是很多的。甚至于有些常用曲目中的困难片段需要演奏者经常的温习，以确保技术状态的保持。这也不难理解职业乐团都把乐队分谱中的困难片段定为重要的考核内容的原因，它的重要是不言而喻的。

构建这种分步骤逐级练习模式，它不仅适合于初学者，而且对职业演奏者也有现实指导意义。我们通过细致的步骤划分练习，使每一步骤的练习重点都相对独立而明确，这样哪个环节如果出现问题，演奏者能够一目了然准确加以定位。比如在日常练琴过程中，遇到某类技术性困难时，就可以借助我们的五步骤分级练习模式，对问题段落运用拆解式分析的方式，进行逐级筛查，能够快速准确的查找到问题环节具体出自哪个步骤，甚至可以精确地锁定到具体的某一个音上，然后针对这一问题点选择与其相对应的练习方法加以解决。这种五步骤逐级练习的模式可以使我们练琴的目的性更强、针对性更强，使练习更加理性，更加具体，避免了练琴的盲目性，从而大大提高练琴效率。如果我们把解决的难点的过程比作是一场战争的话，我们采用的方法就是毛主席的经典军事理论："集中优势兵力，逐个歼灭敌人。"

对于双簧管的初学者而言，能够较准确的演奏哪怕是简单的乐谱，已实属不易。因为双簧管在众多乐器当中演奏难度是比较高的，因此被列入了吉尼斯世界纪录大全。尤其是对于双簧管的初学者，跟同为初学者的其他专业学生相比进步速度明显会慢许多，这也是正常现象。我们严格遵照以上的五个步骤去逐级练习，刚开始可能会感觉程序烦琐又耗费时间，但对于初学者特别是双簧管的初学者来说，还是应该踏踏实实地按照上述步骤一步一步认真实施，因为要确立一种科学高效的练琴习惯和周密严谨的思维方式，不是一蹴而就的事情，这种好的习惯的养成需要演奏者成百上千次的固定模式的重复练习才能得以稳固、确立，这也是未来的双簧管演奏者应该具备的最可贵的必备条件。所以，在为初学者立规矩、树习惯的过程中，作为老师也需要有耐心，不能着急，要引导学生反复实践，自觉的运用以上五个步骤的练习方法，随着学生演奏水平的不断提高和能逐步熟练掌握运用五个步骤的练习方法后，有些步骤是可以合并组合运用的，这样既可兼顾压缩步骤缩短时间，同时确保了演奏的准确性、把握性，最终达到能自如地尽情展现音乐作品的艺术魅力的超高境界，达到事半功倍之效果。

卡里布达《沙龙之乐Op. 228》教学运用研究

鲁晨（延边歌舞团交响乐团）

《沙龙之乐》（1859年）是捷克作曲家卡里布达450多首作品中最具有代表性的作品之一，是专为双簧管与钢琴而创作的作品，作品号为Op.228。他把双簧管高超的技巧与浪漫主义时期的柔美音色完美的结合，满足了演奏者对高超演奏技巧的向往和追求、推崇和喜爱，突出的音乐和技巧表现占据双簧管作品中无可撼动的地位。随之也被指定为国际高等级双簧管比赛的规定曲目。

一、卡里布达与沙龙音乐

卡里布达（1801—1866），捷克作曲家，小提琴家，出生于布拉格，早年在布拉格音乐学院师从韦伯学习小提琴演奏，1816年考入布拉格大剧院管弦乐团。1822年到多瑙艾辛根的费斯滕贝格大宫廷任职并担任指挥，直到1865年退休。他的很多作品当时得到了舒曼等人的高度评价，他的交响曲也是早期浪漫主义时期的代表。卡里布达共创作了450余部作品，包含歌剧、交响曲、序曲、协奏曲、艺术歌曲、合唱、室内乐、沙龙音乐等。最为出众的是他创作的七部交响曲。他创作的作品大多都有很强

New Century National Music Educational Innovation Series

的音乐渲染力和宏伟恢宏的音乐感。

《沙龙之乐》是卡里布达1859年为双簧管和钢琴所创作的唯一一首与沙龙有关的作品，演奏技巧难度极高，旋律扣人心弦，音乐情感表现力极强。在创作过程中，卡里布达运用了交响曲的创作风格，更加入了小提琴的因素和演奏法，这在《沙龙之乐》中的记谱法和演奏法都有所体现。所以，在演奏这部作品时，要先了解交响曲的表演风格及小提琴的演奏特点和演奏的技术技巧，从而更好地理解和驾驭这部作品。对于双簧管来说，这是一种挑战。本身双簧管的演奏难度较高，是吉尼斯世界纪录大全中最难演奏的乐器之一，也被称为乐团中的“公主”和抒情女高音，善于表现柔美如歌的曲调和甜美的旋律。但是，在浪漫主义时期，随着人们对艺术需求的提高，人们也开始对作品高超的技巧有了新的向往。卡里布达的这部作品将传统西方音乐的双簧管音色与高超的演奏技巧相结合，表现出了别具一格的音乐感受，并得到了大众的认可和推崇。

Morceau de Salon Op.228

for
Oboe and Piano

© World Copyright 1979 by Nova Music, London

任何音乐都有与它所存在的文化环境和艺术内涵相协调统一的精神特征，任何音乐都应该坚持它本来应有的本质面貌，而音乐表演风格的纯正性就是要与这种精神特质相一致和契合。风格的纯正性是风格要求中的最高阶段，也是最难以达到的一种境界。如何达到这种纯正性，首先要对不同的作品进行深入研究。抓住不同时期作品的表演风格，特别是一些细节的表演方式，如音乐句法的准确划分和语气的特点，某些富有特色的节奏型与节拍韵律的把握等。这些都是决定音乐表演风格纯正与否的关键因素。其次，对于一种音乐文化，要从精神上去理解和领悟它，而不能只拘泥于乐谱的记谱法和标记。如巴赫音乐所具有的雕塑感、造型感和空间感，在音调的组织逻辑和安排上与巴洛克时期的建筑具有异曲同工之妙，音乐传达的与宗教精神有一定联系。如何从这些关联中发掘出每一个音乐句子的层次，体现出既平衡又富有变化的特征，是需要表演者深入体会和学习的，有时甚至需要想象和领悟。特别是对于没有在西方文化环境中成长起来的东方表演者，更需要如此。

二、曲式结构分析

通常说的奏鸣曲式是由呈示部、展开部、再现部三个部分组成的结构。《沙龙之乐》的曲式结构为奏鸣曲式。由g小调开始，终于G大调，整曲316小节。

1—13小节为引子部分，是以g小调引出，以小三和弦琶音及和声转位表现，为进入呈示部的主部做准备和铺垫，在进入呈示部前引子对速度律动也给予了主部充分的空间。

14—80小节为呈示部，其中包括主部、连接部、副部、结束部。主部为14—36小节，连接部为37小节，副部为38—62小节，结束部为63—80小节。

81—233小节为展开部，其中包括三个主要部分，每个部分之间都给予了充分的连接空间，调性和速度的微妙变化使展开部形成了辩证统一的整体，大大增强了此部的饱满性、音乐性、扩展性。I段为81—122小节，连接部为123—132小节；Ⅱ段为133—172小节，连接部为173—190小节；Ⅲ段为191–229小节。

234—282小节为再现部，用呈示部4小节的引子作为连接进入主部，后接连接部和副部结束。重复引子的连接部为230—233小节，主部为234—256小节，连接部为257小节，副部为258—282小节、尾声为258—282小节。

283—316小节为尾声结束部分，以G大调结束，用三连音为主要音型，速度极快，旋律以主调和声为主不断进行转位模进，全曲尾声在快速行进中以雄伟壮丽的高难度技巧中结束。

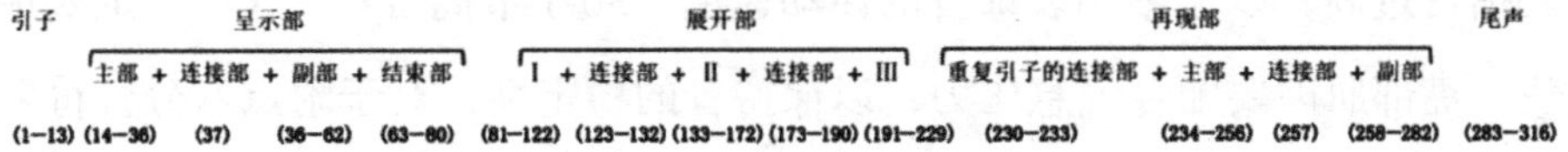

《沙龙之乐》曲式分析图

三、教学技巧及方法

卡里布达的这首《沙龙之乐》作为双簧管作品中难度较高的作品之一，无论从演奏法、音乐理解、演奏者的技术能力，还是哨片的执行标准、主旋律与伴奏声部的配合合作，要求都非常高。下面将具体分析和论述该作品演奏技巧的方法及其运用。

（一）通过曲式分析教学

呈示部：对于一部作品，它的速度和律动是很重要的，这影响着整部作品的风格和音乐表现。乐曲开始为四分之四拍，开头由自由的钢琴伴奏部分引入，建议演奏速度为70左右，在引子结束小节部分演奏速度建议匀速降为30左右。然后，原速进入呈示部，演奏速度建议为120左右为宜。独奏部分是在16小节带起拍进入。第一个发音D，要注意它的音量和音质，不能发出舌尖撞击哨片粗糙的音响效果，发音要柔和平顺，并伴随气息把音像海浪一样的推向下一小节的正拍^{b}E音上。并保持至呈示部主部的乐句，要做到柔和连贯，乐句的强弱幅度要以乐句中的旋律重音为导向，要求气息保持平稳，气压控制得当，22小节的高音^{b}B要注意气压到位，防止音准的偏低，同时要注意与伴奏声部的配合，小节内的渐慢律动要保持一致，尤其是24小节起拍前的呼气要与伴奏声部同步。主部第二乐句与第一乐句相似但主音有一组装饰音，要注意的是气息气压不要给得太多，以免装饰音高于主音的音量，出现过重的音响效果，同时手指不要抬得过高，以免影响装饰音的律动速度。30小节高音C，气压一定要顶住，嘴部肌肉要配合气息压力，以保持音的稳定性，对于附点八分音符要注意不要拖时值，内心节奏的律动要有流动感。33小节开始，连续的重音演奏要注意，气压气速的迅速变化，既要使音有力量，还不能把音吹炸吹破，嘴部肌肉稍稍绷紧，适当加大舌头对哨片的冲击力量，演奏效果既沉稳又有力。36小节突然的柔弱下来要注意从它的装饰音开始，到37小节逐渐减弱减慢，这时要做到气息放缓嘴部肌肉适当放松，37小节第二拍前一定要呼气，并注意发音的柔和性。38小节同样要注意与合奏部分的律动统一。在旋律进行时，气息慢慢加强，使旋律渐渐的、阶梯式的做渐强。40小节的高音D，可以加辅助键防止因气息压力和气速过大而导致的音准过度变化，41小节的F音建议用第二指法演奏，44小节高音E与低音F的大音层跨度，要注意嘴部肌肉与高强度气压的迅速变化，这对基本功的要求很高，要求瞬间降低减少气压并找到低音区的嘴部肌肉压力点和腰腹气息压力点，以保证低音区的顺利发音和音质保障。46小节高音区的跳音要注意舌头与气息的配合，既要有颗粒性也要有弹跳性，并保持气压气速的持续，这要求腰腹力量强有力的支撑，口腔打开，以保障气息通道的无阻畅通，保持直至47小节的高音F。47小节低音D与44小节要求相同，气息压力与嘴部肌肉的控制是关键，之后的旋律中也重复此类演奏技术方法。52小节的连音与断音演奏要有藕断丝连的感觉，舌头力量不能过重。53小节为加强音乐的渲染力，第一拍要加旋律重音，主要是靠气息的支撑来达到演奏效果。58小节开始的装饰音加颤指要重视气息气压的平稳，手指离键子的高度尽可能低，手指颤指律动均匀，音量不要超过旋律音音量，演奏要有流动感并伴有渐强，直至62小节的高音G，可加强嘴部肌肉力量，尤其是嘴角肌肉的压力。在重音演奏过程中，保持气速增强，舌头力量跟随气压匹配，音要站稳力度要保持。63小节带起拍前要呼气，气息要充足，腰腹肌肉力量要绷住。63小节开始主要以三十二分音符为主要，这就要求我们要有良好手指运行技术的基本功，这才能保证快速均匀地演奏并表现技巧，在手指运行中尽量保持力度和高度的统一及律动的流畅。以上是《沙龙之乐》呈示部的演奏技术技巧和方法运用及音乐处理。

展开部：以四分之三拍展开，第一部分建议演奏速度在80左右，在第一部分中，作曲家主要运用附点的节奏型居多，所以对于节奏和音准的准确性要注意，附点演奏感觉尽量靠后，同时也要发挥这一部分的音乐性、抒情性、柔美感，气息的平顺与手指的流畅性，强弱对比与旋律重音的有机结合，利用演奏技术技巧的结合，尽可能加强这一部分的叙事性情感。在这一部分中，长音的基本功更显得尤为重要。第二部分主要体现在技术技巧上的表现，演奏速度建议保持在100左右，每一拍都由两个三连音组成，速度较快音符较多，对运指的基本功要求很高，节奏要求准确清晰，演奏速度要统一保持均匀，气速保持相对平稳，气息压力调整反应速度也要快。140小节第三拍稍微自由，要为141小节开始重复第一乐句演奏做好音乐和情感上的准备，146小节和148小节也同为这一演奏方法。149小节开始，伴奏声部重复了展开部的第一部分，而独奏部分运用了和声分解的旋律性开始进行，旋律看似流畅，但却在每一拍的第一个音都布置了大量旋律重音，在与钢琴的共同行进时形成了复调结构，使得演奏效果丰满又富有强烈的织体层次。这段演奏技巧的关键是手指对节奏控制的准确，最难的是运用调整气速气压的方法并把旋律中所有的旋律重音演奏的非常明确，给人以双声部共同行进的视听效果。156小节要注意最后一个八分音符之前的呼吸，这是157小节开始的演奏准备。161小节和162

小节第三拍六连音前的呼吸要快，不能拖节奏，而且只可以吸气补充气息储备，因休息空间极小，不建议吐气，以免占用时值而影响到乐段的节奏律动，同时嘴部肌肉要保持尽可能少的变化，目的是为了保证乐句的完整性和音乐的整体性。164小节的后三个音有一点点的自由，可以使此段更富有音乐的色彩。168小节的连续四个颤指，要做到手臂与手指的绝对放松，既要均匀，又要轻盈，并且要在气息的配合下做渐弱处理。171小节最后的一个E音，要稍作保持，目的也是为了给此段的结束注入更充实的音乐感觉。展开部的第三部分与第一部分是相呼应的，演奏难点是在气息的运用上，气息气速的平顺和气压的稳定是关键，在演奏第三部分时要提前充分规划好此部分的速度变化，这是丰富音乐性的关键，也是对音乐感觉感情积累的考验。在速度的变化中，要有辩证统一的思想，也要有大乐句大线条的概念，虽然速度有很多微妙的变化，但是不能给人感觉有故意性，此段的速度变化是要以此段的音乐性为前提，在体现音乐情感的基础上做速度调整，这对演奏者的内心情感把握也是很高的挑战和要求。第三部分的演奏速度要与第一部分相呼应，建议演奏速度在80左右。在整体的展开部演奏当中，还有一种演奏技巧是需要加入的，就是气息颤音，这对于气息的基本功要求很高，对气速的要求更高，气息颤音在旋律性中的加入，会使音乐的色彩更富有感染力，更能扣人心弦，打动人的情感。气息颤音的频率高低是影响音准的关键，所以在旋律演奏过程中保持气息颤音的幅度频率是尤为重要的，尽可能做到高频率，但要以音乐表达目的为准则，要为音乐注入情感为目的，而不能凌驾于音乐情感之上，表现技术技巧的目的，归根结底还是要为表现音乐服务的。双簧管演奏者的气息颤音技巧也可以借鉴和学习小提琴的揉弦技巧，两种乐器之间的技术技巧表现方式也可以说是辩证统一、相互贯通的。

再现部：再现部再次回到了四分之四拍的节奏，演奏速度也回到了开始呈示部的演奏速度，再现部的演奏技巧，同呈示部相似，重点还是在于附点节奏的准确，颤指的均匀轻巧和装饰音在音乐中的装饰性，还有表现旋律大线条的前提下突出旋律重音的表现。在257小节的渐慢是再现部中承上启下的关键控制点，要充分的发挥音乐的延伸性，不要有急于过快的演奏心态，时值要保持住，音乐上更要充分，在心理上要有感人肺腑的一种坚持，直到此小节的最后一拍要尽可能做到最柔最弱，为258小节新乐句的开始推波助澜。257小节和258小节要有鲜明的衬托感和连贯感，257小节最后一个音和258小节第一个音最重要的是要做到强弱统一、音色统一、音乐统一。这两个音虽然是两个乐段的连接，却必须要做到音乐上的无缝隙的连贯和平顺，这种感觉就好像蜡烛的火苗刚要熄灭又慢慢燃烧起来的感觉。从272小节到282小节，是进入尾声前的铺垫，尾声能否很漂亮的被引出，这些小节的演奏是非常重要的。从272小节到275小节我们要在旋律重音的帮助下逐渐的渐强渐快，积极有律动的加速；276小节开始，在伴奏声部的协助下开始缓慢撤速并渐弱，直至282小节。最关键的演奏技巧是独奏部分与协奏部分的强弱衔接、律动衔接，虽然二者的强弱律动都是穿插进行的，但二者也必须做到有机结合的音乐整体性，使表演效果合二为一，统一流畅完整，相互的整体音响效果意识是成功进入尾声的关键所在。

尾声：尾声是《沙龙之乐》的高潮部分，卡里布达运用了高超的双簧管演奏技巧创作，在演奏速度上也做了很大的调整，尾声的演奏部分建议演奏速度不要低于160，更有能力的演奏者可以选择更快的速度演奏，这会更好地衬托出尾声部分雄壮、华丽、震撼的音乐表演效果。在尾声部分中，对技术技巧的要求是全曲最高的，主要方面在于气息的运用、手指的

New Century National Music Educational Innovation Series

机械性能、嘴部肌肉的耐力和旋律在极快速运行的前提下如何更好地把握其音乐性表现。尾声调性为G大调，卡里布达运用大篇幅的八分音符三连音结束全曲，因为速度较快，这必然对行进中的吐音和手指的配合增加了难度，手指运行速度要均匀，吐音既要准确又要力量轻盈均衡，旋律重音的表现要靠灵敏的气息压力变化表现，在气息的技术技巧方面也建议演奏者加入循环呼吸演奏法，以保障气息的充足供给，如果不能运用循环呼气，建议演奏者利用尾声有快速休止的地方进行只吸气不吐气的方式补充气息，但呼吸一定要迅速，不能影响到音乐行进的速度和律动。尤其在311小节到314小节，所用的吸气量是非常庞大的，对于绝大多数演奏者都是很大的挑战，同时也考验着演奏者是否有扎实的基本功和内在的技术表现实力。所以，尾声的技术技巧表现重点，一是要有优秀的气息控制能力，二是要有良好的手指运行机能，三是要有强大的嘴部肌肉支撑。

247
[p] dolce
252
f
[>]
rit.
[a tempo]
257
[p] espressivo
262
266
f
* stringendo
270
rit.
v.s.
275
p
*Source B only
6
Piu vivace
283
p
[cresc.]
287
f
p
291
f
295

New Century National Music Educational Innovation Series

（二）通过客观方法分析教学

客观技术的表现主要体现在两个方面。第一，乐器的状态，乐器的调试是一门独立的技术学科，它直接影响到演奏者表演的状态和演奏效果。在演奏技巧性作品时，一般对乐器的调试会做些调整，比如：检查超高音键的垫子与音孔的距离高度是否在发音最灵敏的高度上，其他垫子在贴合音孔时是否力度和高度均衡，且键子高度比例一致，一般不建议垫子和音孔贴合过近或键子离音孔距离过大，原则上要以乐器的密封性作为调试依据。键子上的弹簧针也不要调整得弹性力量过大，力量均衡适中贴合手指的运行力度为宜。这些因素都会影响到演奏者的演奏效果和技术技巧的直接表现。同时，在演奏的环境中，环境湿度不易低于百分之四十，环境温度不宜低于25摄氏度，以防止乐器堵水或开裂。第二，演奏者所使用的哨片，哨片的好坏，调整得是否得当，对演奏者的演奏效果影响很大。演奏者通常使用的哨片总长度分别有71毫米和72毫米两种，分别匹配的底座是46毫米和47毫米，苇片的厚度大约在0.58毫米到0.60毫米，振动部在10毫米到11毫米，哨片基本是分这两种型号的。但是这其中的调整幅度是特别大的。这也要根据个人嘴唇的生理条件和所演奏的作品相互匹配来进行调试，这对演奏者的演奏质量和音乐表现，技术表现起着至关重要的作用。以《沙龙之乐》为例，建议演奏者所使用和配备的哨片不要过厚，芦苇的硬度也不要太高，发音部可以稍微扩展0.5毫米左右（以实际震动频率要求为依据，标准音A一般控制在441—442赫兹），振动部可以选择11毫米，发音部宽度建议不要超过0.7毫米，发音部厚度建议在0.1毫米左右，振动部最厚点建议不要超过0.45毫米，苇片厚度建议选择不低于0.5毫米且不高于0.55毫米厚度的苇片。缠线时，线的高度不要高于底座顶端，铜丝建议固定在线上3毫米左右的位置上，如果固定得太高，也会影响到高音区哨片震动的频率，如果哨片的震动频率下降，对高音的演奏也会带来过大的阻力，从而也会影响到整部作品高音区的演奏效果。哨片浸湿后的风口应控制在1毫米至1.5毫米，并确定哨片的两组震动角是否保持贴合状态。对于哨片的数据要求和使用状态也是保障作品演奏技术技巧，音乐情感及音色表现技巧的关键所在。

（三）演奏家作品处理比较

版本一：日本双簧管大师渡边克也（katsuya watanabe），3岁开始学习钢琴，13岁开始学习双簧管，1985—1989进入东京艺术大学学习，学习期间就进入新日本爱乐乐团任双簧管副首席至1992年。1990年度，在第7届日本管乐与打击乐大赛中夺冠，随后进军国际乐坛，移居德国并担任多个德国顶级乐团的双簧管首席，包括德国乌伯塔交响乐团、德国巴登州国立剧院、德国柏林歌剧院乐团等，深得业界认同。他所演奏的《沙龙之乐》表现出很浓厚的浪漫主义气息，在音乐的处理上宽广、舒缓、平和，演奏风格更富有自由性。

版本二：法国双簧管大师埃里克·斯佩莱（Eric speller），毕业于里昂高等音乐学院。布鲁塞尔皇家音乐学院、巴黎高等师范学院、比利时皇家音乐学院的双簧管教授，法国布菲公司的艺术指导。他所发行的两张专辑一如既往的受到了高度评价。他所演奏的《沙龙之乐》彰显了处理手法的细腻以及抑扬顿挫的表达，他延绵不断的连奏，在作品中表达得纯粹，音色均匀美妙。

比较两位作曲家的演奏风格及演奏技巧

	渡辺克也	埃里克·斯佩莱
1—13小节	引子速度较慢，比较自由、安静、舒缓，在进入呈示部前的音乐准备，非常缓慢充足。	引子速度较快、流畅，有急有缓，流动性强，在进入呈示部前的音乐准备，简洁明了。
14—36小节	音乐处理得很柔和缓慢，吐音很软，注重音与音之间的连贯性，装饰音时值处理得趋于平均，音乐的线条处理宽广偏慢。	音乐处理得很流畅，吐音颗粒性较强，注重音色的饱满性，装饰音处理得轻巧到位。音乐的线条处理流动性强，且旋律重音突出，使旋律更富有表现力。
37—62小节	音乐处理由慢开始逐渐加快，在速度上快慢交替较多，强弱对比明显，自由性较强。	旋律重音的体现更为突出，速度具有前进性，但却非常平稳。在气息上，气速反应快，演奏力度的变化使音乐更有积极的个性。
63—80小节	音乐处理以逐渐加快为主，三十二分音符的演奏流畅连贯，吐音的柔软使旋律快速部分显得更为柔和，且像流水一般。	音乐旋律演奏得很规矩，节奏平稳，吐音圆润且有较强的颗粒性，连续的三十二分音符声音清澈明亮，音乐旋律的流动性很强，干净明了流畅。

续表

	渡边克也	埃里克·斯佩莱
81—122小节	音乐处理仿佛抒情女高音的表现方法，旋律柔软连绵，装饰音速度的放慢使得旋律的延伸性加强。气息上的运用更加舒缓，对rit的处理尤为注重。速度上，缓中有急，急中突慢，凸显了音乐旋律的张力。爬音速度缓慢且时值非常饱满。	音乐处理仿佛花腔女高音的表现方法。在旋律重音的衬托下，音乐刚中带柔，装饰音干净利落。三十二分音符和休止符处理得准确。琶音速度较快且气息压力和气速明显加强，使音乐铿锵有力又轻巧明朗。
133—172小节	速度缓慢平稳，手指运行平均。注重旋律的大线条和音乐的饱满性及完整性。力度变化不大，偏向于中规中矩的演奏风格。	速度上以缓慢为主要表现，但是注重流动性，对慢版旋律的音色高度重视，充分表现了双簧管甜美音色之外也不失音色在音乐中的柔中有力。
234—282小节	回到再现部，音乐的处理表现得更加充分，也增加了流动性，风格变得更加洒脱且速度逐渐加快、积极。演奏的力度加大，气息逐渐增强，突出了自身演奏的个性和风格，区别于呈示部的舒缓和柔美。	回到再现部，音乐的速度处理与呈示部完全吻合，一种不拖泥带水的表演风格使各乐句紧密连接、连绵不绝，更加突出了由气息压力的改变而形成的旋律重音在再现部的运用。使音乐明朗清晰、扣人心弦。
283—316小节	起拍音准备得很充分，相对比较延绵，由慢速进入尾声，再逐渐加快，并从中运用了双吐的演奏技法和循环呼吸的气息技术方法，直至乐曲尾音（双簧管最高音）柔中带刚非常稳健。	起拍音的准备简洁明了，直接进入尾声，速度很快，连贯性很强，一口气演奏至311小节第一拍，快速补充气息后，迅速行进直至尾音（双簧管最高音）结束。宏伟大气，彰显了演奏者的气息技术运用和手指机能技术的高超能力。
小结	更注重音乐的柔美性，且注重气息的平顺性和突出对气息的控制能力。	更注重音乐与音色的相互渗透，突出在技术技巧上的完美表现。

四、结语

双簧管是近代交响乐队中不可缺少的乐器，它有着独特而优美的音色和非常丰富的音乐表现力。所以，在交响乐队中占有非常重要的地位。因为它的技艺性较强，对技术的表现也较为困难。所以，学习和演奏者较少，也很难达到很高的造诣。对教学理论体系的研究和总结者也甚少。

由于近代交响乐音乐作品对双簧管的声音、力度以及音色的色彩变化要求苛刻，优秀的演奏者在乐队中必须具备相当高的演奏水平以及应变能力，其声音要求能穿透乐队。独奏旋律时音色要甜美，柔韧而透明，在乐队中有“抒情公主”的美誉。双簧管的高音清澈洪亮，演奏高音的技术含量最高，虽然，演奏的好坏不能单从演奏的技术角度衡量，因为，我们的目的是音乐本身。但是，技术是表现音乐不可替代的重要手段，所以，对于技术的研究和教学探索并达到音乐的最终目的也是尤为重要的。

本文通过捷克作曲家卡里布达所创作的双簧管沙龙作品《沙龙之乐》来论述用技术表现音乐的重要性及教学方式。这部作品在双簧管演奏专业中具有重要地位，是19世纪浪漫主义时期最具代表性的双簧管作品之一。浪漫主义时期，随着人们的思想解放，大众对艺术的需求也越来越高，尤其对于音乐作品的高超技巧开始向往。卡里布达的这部《沙龙之乐》把双簧管的传统音色与高超的演奏技巧完美的结合，通过表现高超的技巧展现出了双簧管独特的魅力。

本文通过对作品的曲式分析、客观技术运用、演奏处理比较的教学方法来进行剖析论述，希望能够帮助更多的演奏者通过对技术技巧的研究来更好地推动和完善此部作品音乐风格及音乐表现力的教学研究。

论教师在课堂上示范演奏

金京春（中央音乐学院）

双簧管演奏教学上，教师给学生课堂上做各种各样的示范是必不可少的，主要是为了演示各种技术手法，展现作品音乐风格，有时也可以完全示范演奏整首作品。示范教学因为其直观、有效、针对性强，往往能收到立竿见影的效果。

但是，在教学活动中，最忌讳教师的示范演奏成为剑走偏锋的过分，有的老师可能想在学生中树立特殊的威望，从而把自己的课堂变成演奏会的排练，一味地追求让自己的学生像老师，通过这种方式凌驾于学生之上。往往对学生而言，这种示范成为学生的规言矩步，让学生敛容屏气，反而不会给学生带来益处。

关于示范演奏，著名的大提琴演奏家、教育家皮亚季戈尔斯基讲过发人深省的经历：“我曾经因为教一位学生大提琴而陷入困境。我很喜欢这名学生，因为被他的天赋所折服。这位学生情感细腻，音乐品味独特，具备卓越专业乐器演奏者的素质，我认为他是个天生的音乐大师。我从来没有如此狂热地向别人传授我所有的知识。因此，在课堂上我试图通过大量的示范演奏更多地阐释自己的想法，不止一次地展示他所要学习的练习曲和全部的乐曲。我不断地批评、表扬、分析他的演奏并且再次示范演奏，想要他努力地超越自己。可是非常遗憾，我越努力地演奏，他表现得越不自信，反而演奏得越来越差，在每节课的过程中变得越来越被动和消沉，直到最后他所有的主要优点几乎都要消失了。当我看到他的演奏水平下降时，内心十分痛苦，但我当时并没有意识到问题，只是内心充满内疚和负罪感。为什么其他天赋不是很高的学生都会取得辉煌的成就，而我更关注他，更投入地教他，竭尽全力地示范演奏给他听，然而他的水平却没有进展呢？在一个不眠之夜，我的脑海中突然出现了一个想法：是不是因为我过于急躁导致了这样的结果？教学课堂上我有心给他演奏示范，是否夺走了他想和我公平比较的希望，让他失去了自信，找不到自我？我决心调整自己以后上课的思路，后面课堂上我减少了演奏示范，甚至故意在拉琴时出现比他多的错误，我留意到他很兴奋，练琴的积极性和主动性逐渐像开闸的水一样奔涌而出，演奏水准迅速提高。这时我意识到了这种方法的有效。因为找到问题症结，我立刻对症下药，时常故意在演奏示范时漏洞百出，让他变得越来越自信，慢慢地他取得了惊人的进步，这对教师来说是最大的满足。在举行完精彩的毕业音乐会后，这位学生深情地回忆：‘皮亚季戈尔斯基毫无疑问是一个很好的老师，但是却不是一个杰出的大提琴演奏家。’”

这位学生还蒙在老师故意演奏示范错误的鼓里。从这些回忆我们可以看到：教师的演奏示范要观机施教，恰如其分是最重要的。能够充分建立学生在演奏时自信心的教师是最高明的。

除此之外，教师在课堂上演奏示范还要特别注意自己的正确性、规范性，避免以讹传讹。在教学中如果不是每位教师都经过严格、正规、系统的训练，都能保证自己的演奏示范正确无误，那么无疑会让学生们走向相反的方向，越努力反而离自己的目标越远。当然如果教师演奏水平足够高，毫无疑问演奏示范会达到很好的教学效果，但也要注意示范的有效性和时机，不可以成为学生的桎梏或者压力。

听优秀演奏家的作品是为了对比，而不是模仿。学语言离不开多听、多读，同理，学音乐也离不开多听，多看。为了让学生建立正确、优美的音色概念，教师通常会让他们聆听大量的国际双簧管演奏大师的作品，甚至给他们找合适的高清视频去仔细揣摩大师们的演奏。不过应该强调这样做的目的不是模仿，而是对比，需要思考、鉴赏，最终能“化成”自己的东西，让自己在演奏细节上获得启发、完善和提升，切忌复制。

我总是十分小心地聆听其他演奏者的作品，即使听著名大师的演奏。为什么“小心”？并不是言过其实。大音希声，大象无形，需要对音乐演奏的细节细细品味，直到自己完全领悟和感受为止。每个小节、每个音符、每个速度、不同的缓急、强弱变化等等所有的这些都需要用心琢磨和对比思考，因为学源于思，思源于疑，小疑则小进，大疑则大进。

我有时会为一些同行不能自如发挥演奏而扼腕，因为他们完全被大师名家的技法所束缚，在很多音乐形式上刻意追求，掣肘他们的音乐才华。他们过分模仿，以致失去自我，陷入无力自拔的泥淖中。如果这种情形不经意地传递给学生，往往容易让学生困惑，逐渐失去对老师的信任。另一方面教师在自己专业上无法突破，也深感无助，更遑论对学生做出更好的指点。

我的学生中有些习惯在演奏新乐曲之前反复听名家演奏的录音，然后便会悉心模仿，全然没有自己的思考，还兴致很高地、得意地吹给我听，以为我会为他们的“演奏”感到高兴。然而，我往往会对他们的音色、速度、变化都不满意甚至痛批，他们大失所望吃惊地问我为什么？会说某某名家就是这样演奏的。的确，这些演奏家的演奏非常棒，都是世界一流水准，但要作为学习者以“模仿”为全部使命，那在专业上是不会有好前途的。在绘画艺术中始终是原作才有价值，就算因为年代的缘故保存度不好其价值也胜于赝品，音乐演奏亦然。因此一定要让学生知道在演奏新作品之前，最重要的事情是自己的思考、想象、创意。需要自己确定正确的速度、整体音乐特点、细节、变化、音准、乐句划分。这些内容都应该是自己一砖一瓦去建立，不可以坐享其成，照搬全拿，甚至生搬硬套。双簧管演奏艺术没有个性就没有生命，毫无价值。古人云“声之于音，犹形之于心也”，每个双簧管演奏者都要完美表达自己心灵的音乐。

我的导师普谢奇尼科夫院士曾讲过一个例子：有位长笛演奏者请求他为即将参加的国际比赛给予建议，他兴致很高地演奏了一些通过唱片模仿的曲子。院士听后觉得他的表演中缺乏自信、诚意，但是他不解地分辩自己是完全按照著名长笛演奏大师演奏的。院士默然不语，然后建议他忘记原来的表演，在书桌旁不用乐器用心思考，让他彻底忘记名家大师的声音，从头开始按自己的理解去处理速度、考虑音调、变化，努力演奏出自己风格的作品。

过了一段时间他又来找普谢奇尼科夫院士听，这次他的演奏与之前大相径庭，因为这次是他自己的音乐，他发自内心酝酿的作品。经过导师的启迪和他亲身体验，他的演奏获得质的飞跃，好评如云。这时，他回过头再去听名家大师的演奏，已然没有那种盲目崇拜，亦步亦趋，拼命雷同的沾沾自喜。音乐艺术的创造有无穷的生命力，也具有无穷的魅力，任何演奏者如果充分地领悟和发挥，那么他的音乐就会引起观众的共鸣和专业的认同。后来，这位长笛演奏者在“布拉格之春”比赛中实至名归获得了第一名，并成了长笛名家。

上面的故事告诉我们：演奏家的思考和艺术个性创造是非常重要的，令人遗憾的是，不断追求音乐技术“形式”的进步往往妨碍我们潜心思考音乐本质。大部分学习者迷失在大师名家演奏的效果里，找不到自己。当然，一味地模仿自然比探索自己的演奏艺术灵感容易很多。

我从来没有完全否定借鉴别人演奏的方法之意，不过需要强调的是，作为教师，一定要帮助学生树立艺术的魅力来自于个性的理念，力求贴近音乐实质的思考，切忌华而不实的形式模仿。

浅谈当代低阶儿童的双簧管乐器的启蒙教育

王茉（沈阳音乐学院）

随着时间的推移，国内的社会经济得到了很好的发展，这使得不同领域都得到了前所未有的发展动力，教育领域亦是如此。然而，全阶段教育事业具有很好发展的同时，多方主体对象也对新时期的教育工作提出了崭新且更高的要求，其中之一就是低阶儿童阶段的启蒙教育。传统的低阶儿童启蒙教育相对单一，包含简单的知识教学和体育游戏教学等。在低阶儿童学习、成长需求日益多元化的趋势和背景之下，传统低阶儿童启蒙教育明显已经不能满足低阶儿童的需求了，在这种情况下，就需要对低阶儿童启蒙教育进行改革创新，融入双簧管乐器教学，吸引低阶儿童的学习兴趣，促使其启蒙教育得到优化和完善。双簧管启蒙教育的加入，对于低阶儿童的语言能力、音乐能力、审美能力提升都能够起到重要的作用和效果。所以，在接下来的文章中就将针对当代低阶儿童的双簧管乐器的启蒙教育进行详尽阐述。除此之外，笔者在文章中还会提出相应的意见和对策，希望对国内后续的低阶儿童启蒙教育工作的开展起到一定的借鉴作用和发挥相应的效果。

一、新时期低阶儿童启蒙教育工作的重要性

众所周知，低阶儿童阶段的孩子处于身心发育的重要阶段，在这一阶段强化低阶儿童的启蒙教育，不仅能够促进低阶儿童的智力发育和心理发展，还能够丰富低阶儿童的知识，激发出探索的欲望。国内某知名机构针对小升初和初升高的学生开展了调查问卷。其结果表明，大部分艺术音乐类成绩不好的学生都是因为在小时候没有成功、有效的启蒙音乐和乐器学习经历①，这一部分学生也表示，启蒙音乐教育开展太迟，导致其后续对于音乐学习、乐器学习也失去了自身的学习兴趣。

笔者进行相关的研究和调查之后发现，低阶儿童脑内负责学习语言的部位叫作“布罗斯卡区”，它在语音辨别和模仿等方面非常灵敏，如果可以在启蒙教育涉及到相关的乐器，那么就能够使得低阶儿童音乐方面的启蒙教育水平得到提升。而伴随着低阶儿童的成长，其“布罗斯卡区”的灵敏度将会直接下降，此时再开展音乐、乐器方面的教学也将失去其主要意义，即便教学方法再好，也难以起到良好的教学效果。双簧管本身所具有的典雅、甜润、秀丽、田园风味以及女性美的特点②，将其在低阶儿童启蒙教育中进行应用，那么就能够使得这些美好的特点传递给低阶儿童群体，从而使得低阶儿童也能够具有这些特点，这无论是对于低阶儿童的成长还是学习都将是十分重要的。然而，当代低阶儿童启蒙教育也存在着一定的片面认知，部分人认为当代低阶儿童启蒙教育不应该涉及到过多的教

① 潘艳：《民间童谣在低阶儿童园语言教育活动中的应用方法》，载《学周刊》，2021年第20期。

② 陈巍巍：《低阶儿童园“体验式”传统文化教育的路径探索》，载《新课程》，2021年第16期。

育内容，所以对于当代低阶儿童的双簧管乐器的启蒙教育一些人是拒绝的，其认为这会给低阶儿童增添很多的负担，然而这是一种错误且片面的认知，孩子从小确实应该多学知识，但多学知识的目的不是提前抢跑，不能是超越孩子自然发展规律的强行灌输。我们提倡的学知识，是让孩子在知识的环境中成长，丰富内心。因此，新时期低阶儿童的双簧管启蒙教育具有充分的可行性和必要性，也是一种有效提升低阶儿童启蒙教育丰富程度的方式。

二、当代低阶儿童双簧管乐器启蒙教育工作中存在的不足

事实上，低阶儿童园的启蒙教育工作水平正在逐渐提升，并且不断地意识到了各种乐器的影响作用，双簧管就是其中之一。现阶段双簧管乐器在低阶儿童启蒙教育中应用的范围并不是十分广泛，实际的应用过程中也存在着较多的问题。总结下来，当代低阶儿童双簧管乐器启蒙教育工作中存在的不足主要具有以下几个方面。

（一）重视程度明显不足

在当代的低阶儿童启蒙教育工作当中，依旧以传统教育方式为主，也就是知识教学和体育教学，双簧管虽然具有一定的运用，但是并未得到相应的重视程度，而在这种情况下，双簧管在低阶儿童启蒙教育工作中的价值和作用难以发挥出来，甚至双簧管乐器的应用对于原有的教学效果还产生了负面的影响，这是低阶儿童启蒙教育所不想看到的。

譬如，由于对当代低阶儿童的双簧管乐器的启蒙教育的重视程度不足，导致双簧管乐器只在自主性质的低阶儿童音乐教学过程中进行运用，

而且对双簧管乐器认知存在比较大的不足[①]，导致低阶儿童在启蒙学习过程中也不倾向于进行双簧管乐器的选择，长久下去必然会导致其启蒙教育过程中，失去对双簧管乐器的学习兴趣。从宏观角度上来说，这是不利于低阶儿童启蒙教育发展和效果提升的。

（二）低阶儿童教师双簧管乐器素质不足

归根结底，双簧管是一种用于演奏的乐器，其在操作和学习过程中必然会存在着难度方面的问题，这就需要责任教师对这一乐器具有足够的认知，可以在实际的教学过程中提升启蒙教育成效。

然而，当代低阶儿童园教师的综合素质是比较有限的，虽然具备基本的音乐、乐器教学素养，但是其综合水平并不是很高。然而，低阶儿童阶段的孩子，其综合认知能力和学习能力相对有限，在这两方面原因的夹击之下，导致当代低阶儿童的双簧管乐器的启蒙教育难以取得相应的成效，就难以体会到双簧管乐器的魅力和价值，同时也难以具有相对应的学习兴趣和认知兴趣。众所周知，在低阶儿童接受启蒙教育的过程中，影响教学效果最重要的一个因素就是低阶儿童的学习兴趣[②]。因此，在当代低阶儿童的双簧管乐器的启蒙教育发展过程中，为了保障教学效果，还需要重视低阶儿童教师双簧管乐器素养的提升，这样才能高素质地完成当代低阶儿童的双簧管乐器的启蒙教育工作，使得低阶儿童能够爱上双簧管乐器、爱上表演、爱上音乐。在这一过程中，低阶儿童的综合素质也会相应程度的提升，这也是当代低阶儿童的双簧管乐器的启蒙教育的主要目标之一。

---

① 蒋耀琴：《低阶儿童园开展中华优秀传统文化启蒙教育的实践与探索》，载《现代教学》，2021年第6期。

② 陈潇：《科学游戏在低阶儿童园学前教育中的实践探讨》，载《家长》，2021年第8期。

三、当代低阶儿童的双簧管乐器的启蒙教育可行策略

随着时间的推移，当代低阶儿童的启蒙教育已经变得越来越重要了。近年来，低阶儿童教育领域对于启蒙教育也提升了重视程度。双簧管乐器具有特殊的音色，犹如徐缓如歌的曲调，适合低阶儿童启蒙阶段的音乐学习。当代低阶儿童的双簧管乐器的启蒙教育可行策略可以从以下几个方面进行。

（一）强化低阶儿童园教师双簧管乐器素质

当代低阶儿童的双簧管乐器的启蒙教育工作开展之所以会受到限制，其主要的原因就是低阶儿童园教师双簧管素养水平不足，导致实际的低阶儿童双簧管乐器教学水平并不高，难以发挥出其相应的作用和效果①。

因此，为了使当代低阶儿童的双簧管乐器的启蒙教育得到保障，首要的一项工作就是提升低阶儿童园教师的双簧管乐器素质。为了实现这一目标，主要可以从以下两个方面进行，首先，低阶儿童园需要针对其教师进行定期定时的培训工作，主要内容就是低阶儿童双簧管学习方面的内容，为了使培训工作的效果得到保障，在后期还应该为培训工作设置相对应的激励约束制度，约束制度是为了基本的培训效果，激励制度的主要目的则是使得更多的低阶儿童教师参与到培训工作当中，进而提升低阶儿童园全体教师的双簧管乐器综合素养。另外，具备条件的低阶儿童园还可以积极主动地在外界吸纳双簧管乐器教育专业人才，并且秉持着择优录取的原则进行选聘，使得更多、更专业的低阶儿童双簧管教育专业人才进入到儿童

① 程英：《家长对低阶儿童园民间音乐文化启蒙教育的态度认识及教育建议》，载《江苏第二师范学院学报》，2021年第1期。

园内部，以此为基础逐渐组建一个高水平的当代低阶儿童的双簧管乐器的启蒙教育队伍。而且，目前国内处于一个网络化和信息化的背景下，低阶儿童园教师自我学习的渠道和途径变得越来越多，在这种情况下，国内低阶儿童园教师群体需要意识到自身的岗位职责，运用好各种渠道进行该教学方面的学习，这样才能保障当代低阶儿童的双簧管乐器的启蒙教育效果，对于低阶儿童、低阶儿童园、低阶儿童教师等多方主体对象都是大有裨益的，因此需要针对其教师的双簧管乐器素养提升给予高度的重视。例如，教师们需要重视相关曲目的了解和学习，《爱格蒙特》中的真挚感人和富于表情的乐段，都会使听众赞叹不已。还有，柴可夫斯基的芭蕾舞剧《天鹅湖》中，双簧管演奏的悲哀而富有歌唱性的独奏片段。再有他的《第四交响乐》的第二乐章中的片段更是优美感人，这些经典作品都可以在实际的教学工作中进行运用。

（二）强化技巧教学引导低阶儿童发掘双簧管乐器的魅力

双簧管在演奏学习过程中存在着难度是必然的，因此在其启蒙教育过程中，需要善于进行双簧管乐器技巧方面的教学，使得低阶儿童能够掌握基本正确的演奏口型、姿势和气息，这样低阶儿童在不断的双簧管乐器的启蒙教育过程中就能够发现其魅力和价值，从而实现低阶儿童双簧管乐器学习的可持续良性发展①。

同样的，在实际的启蒙教育过程中，低阶儿童教师对其身心发展规律需要具有足够的了解，以此为基础，做到循序渐进，逐渐提升技巧教学的难度。低阶儿童阶段的孩子，多数都会经历换牙阶段，教师需要知晓这一

---

① 黄春晨、杨楠：《农村低阶儿童园国学启蒙教育的发展困境及路径探究——以黑龙江省大庆市为例》，载《黑龙江教师发展学院学报》，2021年第2期。

点，并且停止双簧管吹奏方面的训练，可以开展气息、音准等方面的相关教学。除此之外，还需要意识到低阶儿童阶段的孩子其唇部周围肌肉组织并不发达，力量比较弱，因此教师可以准备苇片纤维密度低且封口适中的哨片，使得低阶儿童能够掌握正确的含哨位置，这对于作为双簧管初学者的低阶儿童的学习是非常重要的，吹出来的音色变化也能够吸引低阶儿童的学习兴趣。

（三）开展全方位感观教学

当代低阶儿童的双簧管乐器的启蒙教育属于音乐方面的教育工作，为了确保基本的教育效果，实际的低阶儿童双簧管乐器教学可以展开全方位的感官教学。在这一教学过程中，教师可以利用多媒体教学方式，以图片、视频、音频结合的方式进行双簧管乐器的教学工作，必要情况下，低阶儿童园教师还可以开展示范教学，带给低阶儿童立体全方位的双簧管感官体验，这对于实际的教学效果的提升非常明显，能够吸引低阶儿童对音乐学习的兴趣①。而且低阶儿童阶段的孩子，其听觉、视觉、触觉等感官都是非常灵敏的，因此在当代低阶儿童的双簧管乐器的启蒙教育过程中，全方位的感官教学是符合低阶儿童的身心发展规律的。

教师可以进行一小段双簧管乐器的演奏教学，配合上视频、音频教学等带给低阶儿童全方位的感官体验，后续还可以让低阶儿童进行模仿演奏，教师在这一过程中进行引导，使得低阶儿童体会到成功演奏的快感，这是有利于后续阶段的低阶儿童启蒙教育的。

对于较大年龄的低阶儿童，笔者在教学的过程中，通过俄罗斯音乐家彼得·伊里奇·柴可夫斯基《天鹅湖》中《场景》和《四小天鹅》组曲，

---

① 吴瑞文：《厦门市中小学交响乐团中双簧管教学实践初探》，中国音乐学院，2017年。

对其相关视频进行通俗易懂的讲解和经典视频的观看，组织了歌唱舞蹈形式的且富有游戏趣味性的环节，将所观看视频中的舞蹈动作演绎出来。在增加趣味性的同时，使得孩子们更加地了解双簧管乐器的魅力和特点，从而对双簧管乐器的学习产生相对应的学习兴趣，这是一个非常重要的学习原动力，对于实际的教学效果具有明显提升和积极影响作用。

（四）重视鼓励性的启蒙教育评价

在当代低阶儿童的双簧管乐器的启蒙教育工作当中，教育评价同样也是非常重要的一部分，科学合理的评价有利于教师知晓低阶儿童的双簧管乐器学习情况，低阶儿童通过评价也能够知晓自身在双簧管乐器学习过程中存在的不足，从而做到针对性的学习，这也是双簧管乐器启蒙教学的主要目的之一[①]。

由于双簧管乐器的学习具有一定的难度，因此教师在当代低阶儿童的双簧管乐器的启蒙教育评价过程中，需要以鼓励性评价为主，帮助低阶儿童建立起双簧管乐器学习的自信，这对于后续当代低阶儿童的双簧管乐器的启蒙教育工作的开展是大有裨益的。譬如，针对双簧管乐器演奏具有失误的低阶儿童，教师在指出不足的同时需要采取通俗易懂的语言进行鼓励，从而强化低阶儿童双簧管乐器学习的信心，后续也有利于得到更高的启蒙教育效果。

四、结论

以上所述是针对当代低阶儿童的双簧管乐器启蒙教育的相关研究和分

① 曹大为:《双簧管现代演奏技法及教学》，吉林艺术学院，2012年。

析，从文中阐述内容中能够发现，尽管当代低阶儿童启蒙教育已经意识到了双簧管乐器的作用和价值，但是实际应用并不多。因此，需要以存在的实际问题为基础，进行不断的优化和完善，提升低阶儿童启蒙教育效果，这对于低阶儿童群体的学习和成长都是至关重要的。

论中国少儿双簧管教育方法与民族化实践意义

于畅（黑龙江省歌舞剧院）

中国作为一个古老的文明古国，有着数千年的音乐发展历史，随着晚清封建社会的逐渐消亡，各个工业革命兴起的列强国家用枪炮打开了中国的封建统治大门，各种先进事物的涌入，使我国封建制度逐步瓦解，这其中就包括西方的古典音乐艺术。特别是欧洲古典音乐逐渐渗透，中国人也开始学习并演绎欧洲古典音乐作品。各种欧洲乐器也在中国大地上开始盛行，越来越多的封建贵族阶级演绎演奏西方古典乐器。从伟大的新中国的成立开始从根本上解决了封建统治和资本统治的不良根基。中国社会从战乱转向了全面复兴的伟大历程，各行各业有了长足的发展，特别是在西洋古典音乐艺术方面，有了安定和谐的发展环境，中国人可以大胆地吸收西方各国家的特长。越来越多的古典器乐作品和音乐家们来到中国演出，并传授西洋器乐艺术。从而使中国民族音乐的发展更加系统化，老一辈音乐家、教育家们开始把中国的民族化音乐元素融入到西洋乐器的演奏中。

从新中国第一代双簧管演奏者们开始，以中国人特有的聪明才智，结合西方人的演奏技术技巧，钻研出一套适合中国人学习演奏双簧管的方式方法。随着改革开放的加速发展，越来越多的中国双簧管演奏者们选择去西欧国家留学深造，他们学到了真正的欧洲古典音乐，演奏更加专业化、系统化。随着越来越多的留学人才归国，充实到各个地方学校和演奏团体，使得双簧管艺术有了长足的发展。

对于中国这个区域化划分明确的国度，民族化个性的融入至关重要。要想双簧管演奏艺术在中国有长足的发展，也必须加入一些中国民族化元素，充分展现我国的民族音乐与西洋古典音乐的结合，用一些具有中国民族个性的作品来演奏诠释双簧管这门西洋管乐艺术的音乐色彩。

所有的演奏法往往针对的是14岁以上，相对较成熟的学生。传统的思想概念是孩子不能学双簧管演奏，学习该乐器不仅费气，而且可能会伤身体，或是对牙齿不好，等等。在中国传统教育体制下，以应试教育为主，多数学习者是为了升学而学习演奏双簧管，这样的思维局限性限制了双簧管在中国的发展。有人说学习演奏乐器就是学以致用，没有用处学他干什么？这就是我们思想局限教育方式的单一性，也决定了学生们对学习双簧管的错误概念认知。要想解决这种问题，主要以少儿学习双簧管演奏开始入手。少年儿童正处于好奇心大，大脑发育的顶端，接受能力和模仿能力很强的时期。从小学习双簧管演奏，对于每个孩子来说是很重要的，不论是从耳音音准，节奏精准，音乐感觉，艺术修养上都有很大的帮助。练功要从童子功练起，就像学中国杂技一样，要从小学起，才会基本功深厚，修为甚高。在民族化和区域化盛行的今天，把少儿双簧管教育有机地与之相结合，是当今中国双簧管老师们必须研究和发展的领域之一。也是通过崭新的少儿双簧管教学法来规范少年儿童学习双簧管演奏的路径之一。

为什么少年儿童学习演奏双簧管乐器的人数少呢？主要因为：第一，认知度不够。双簧管作为西洋管乐的鼻祖，加强从小认知双簧管乐器的样子，听辩双簧管的声音，感受双簧管音乐的美是很重要的。第二，家长担心。家长主要担心费气，气息不好对身体健康有影响。其实没有必要担心，用先进的吸气呼气的方法来教授学生，完全可以避免伤害身体。第三，双簧管在中国的学习者较其他乐器要少。双簧管是冷门乐器，相比其他乐器少得可怜，相较于其他西洋管乐器，双簧管乐器的价格稍高。总之诸多因素决定，导致少年儿童学习的人数较少。但是，这些都不是主要原因，这些只是表面概念上的看法而已。关键在于少年儿童双簧管教学方式方法没有形成系统的说明和成套的教学方法，所以就这个问题阐述一下看法，并对少儿双簧管的教育方法进行一下简单的规划和说明。并对少年儿童双簧管教学方法有一个系统的归纳总结，希望能对少年儿童选择学习双簧管演奏有所帮助和借鉴。

首先，从少年儿童中选择可以适合学习双簧管演奏的学生。常说一门技术不是所有人都能够掌握的，一样乐器也不是所有的人都能驾驭得了。所以，要遵循以下几个方面选择学生。太小的小孩子不适合学乐器，特别是吹奏乐器一般选择小学二年级以上的孩子来尝试学习。因为人体的发育程度会决定能否吹双簧管乐器，要考察孩子的嘴、牙齿、手、气息等各个方面。由于双簧管是簧片驱动的乐器，簧片的特殊构造决定了孩子的嘴型应采用双包法的双簧管的嘴型。也决定了上下嘴唇的厚薄，唇线肌肉和笑肌的形状对嘴型的要求。牙齿的平整度关系到双包法的运用，一般要求嘴唇厚薄均匀，唇线明显，唇线各肌肉线条规整，能够正常拉伸，牙齿平整，没有牙齿突出生长和兜齿能够正常咬合，下牙一般在上牙后面，并且在上下嘴唇包住牙齿后，挂钩没有疼痛感，当然有些孩子正在发育换牙期，这个一般不影响双包法嘴型的运用。手指方面的要求为手指长短正常，无极短小手指出现，一般最短手指不能少于2.8厘米，并且手指尖能自然分开，而且分开后能自由运用。在气息方面主要靠询问家长来获得信息，无气胸病和肺病、百日咳等呼息疾病。这些方面都需要老师来着重加以判断，不能为了利益胡乱教学。

第二，选择乐器。双簧管这种乐器构造比较特殊，一般成熟或较大的学生选择进口乐器，少儿初学者选择胶制国产乐器即可。随着中国科学技术的快速发展，各种高精端制造技术的应用，我国自主生产的双簧管乐器完全可以胜任学习和演奏。并且随着中国民族乐器几千年的发展，乐器制造者开始根据中国民族乐器的一切制作工艺运用到西洋乐器的制作上，从而提高了西洋乐器在中国的发展，运用学会工艺手法使我们的初学者更加适应西洋乐器的学习和演奏。随着少儿年纪的增长，演奏水平的不断提高，可以随时更换较高端乐器。

第三，教材的选择。西洋乐器一般用欧洲人的学习教材，他们更加系统更加精准，不过中国自己也有好多双簧管演奏家、教育家编写的教材，更贴近中国人的实际。比如，中央民族大学双簧管教授演奏家、教育家朴长天老师编写的双簧管演奏法和演奏教程非常适合中国少年儿童以及成年人学习和演奏。一般来讲，少儿初学者选择一本发音练习，一本音阶练习和一本简单的初级练习曲即可。

少儿双簧管教学中的方法和步骤，最重要的是气息训练和嘴型的固定，在吹奏乐器之前3—4周要进行气息训练和嘴型训练。教给学生吸气的位置，一般都是腹式吸气法。也就是气功里所说的气运丹田，必须要嘴来吸气，气直接吸到腹腔里，用隔肌膜来控制吸气的位置。必须在隔肌膜以用下用横隔肌肌肉来控制松紧。不要把气窜到胸腔，可以用下蹲搬重物来练习腹部肌肉的控制能力，要把腹部肌肉绷住，避免气上返，也可以用弯腰吸气的方法尽量用嘴把气全部吸到腹腔里，一般这种吸气练习要持续2—3周。那么有吸气就要有吐气，吐气的方法一样考究。在腹部肌肉绷紧绷住的前提下，用横隔肌肉来控制气的吐出，要慢慢吐，集中吐气，不能一下子卸掉肚子里的气，所以要绷住腰，用腰使劲吐气，要往外使劲儿的吐气，不要往里收腹吐气。也可以用吹气球的方法来给少儿模仿吸气吐气，用一些形象性的方法多举例子让少儿明白并理解吸气和吐气的要领。

气息对少儿的影响比较大，这关系到孩子的生长发育。气息的准确对演奏乐器也会有很好的效果，对养生也有很大的帮助。孩子在生长发育阶段，这一点需要着重教授，决不能马虎大意，并且好的吸气吐气对今后演奏双簧管的职业生涯起着至关重要的决定性作用。吹奏乐是吹响的音乐，乐句长短、体力大小都以气息为基础。所以作为少儿教学的老师，气息不练到位，绝不能拿起乐器演奏。

在吹奏乐器前3—4周内要进行双簧管嘴型的训练和固定。众所周知，演奏不同管乐器，都有不同形状的嘴型，这关系到乐器演奏的音准和音色。少儿学习期间固定好的双簧管演奏嘴型至关重要，从小把嘴型固定好、控制好，关系到少儿演奏者的吹奏方法和演奏技巧运用，更关系到未来职业生涯的长久性。一般采用双包法练习嘴型，刚学习阶段不能用哨片和乐器，只做“啊”“哦”“么”的反复练习。上下红唇，做到全部包到牙齿的后面，并以嘴唇正中间的线为基础。全包进去用力把上下嘴唇控制在牙齿后面，上下唇肌和嘴部三角肌、笑肌全部要往中间用力，像吹口哨一样的集中，绝不能咧嘴或者笑着把嘴唇四周肌肉拉开，必须集中到中间线上反复练习“啊”“哦”“么”，一点点加快速度练习。练好后可以结合哨片，把哨片紧贴在包好的下嘴唇上再做“啊”“哦”“么”的练习。并且每做一次要固定30秒以上时间。固定中不能胡乱动嘴。在包好的上下嘴唇里，保持静止状态，上下嘴唇中间要松弛，以保证随时吸气，最后用做好的哨片嘴型，加上气息训练，练习张下嘴唇吸气，不要张太大。防止包好的唇肌不动，不出来即可，吸好气，要绷住几秒时间。闭嘴，练习吹哨片，开始可以不要求吹响哨片，让学生感受到气在吐的时候全部吐到哨片里的气声，这就要求很集中地吐气。吐气时腰部肌肉是向外绷紧的，决不能松弛或者一下把气吐掉，要集中力量缓慢吐。也就是说，只有集中的气息才能把哨片吹响，哨片吹响是一件很不容易的事情，所以学生吹响一点点即可，特别是少儿学习者不要求一直吹哨片很响，只要一点点，感受到吹哨片的集中原理和哨片振动中保持嘴型不变，肌肉不松弛，上下嘴唇不漏出来。在对气息和嘴型的训练中，必须注意这些要点，这是个长期训练的过程，一般3—4周的气息训练，嘴型的训练在最后一周开始综合训练。做到固定好后才可以插哨片吹奏乐器。

在刚开始吹奏乐器时，以指法训练和发音练习为主，大概需要7—8周时间。这段时间里，着重训练嘴型气息与乐器之间的协调作用，也就是说把嘴型和气息这两样练好。如何自如地掌握乐器是少儿双簧管初学教学中的难题。因为乐器的手型、乐器自身的特点都会影响学生的气息，嘴型的运用，笔者认为完全可以先不用插哨片吹奏乐器。在维持嘴型和气息的不间断训练中，加上手持乐器训练。让学生用标准的站姿，双腿自然分开，挺胸抬头双手臂与乐器成60度角自然上抬，双肩放松用标准的手型。什么是标准手型？我们常常手握杯子的手指形状就是握管的标准手型。手指间要自然分开，不能直不能翘。所有手指很自然的悬置到规定按键的上方1厘米处，手指不能太高，也不能太低。做好这一切后用标准的站姿，手持乐器60度角用右手大拇指托起乐器，如果学生感觉乐器较重，可以用专业双簧管背带来分担一部分乐器重量，大概时间为10分钟一组。必须保持手型手指高度，乐器高度是否合适可以让学生在家里对着镜子练习，自己观察是否准确。这些需要2—3周时间，再多用1周时间插入哨片训练嘴型。在首次训练时，保证哨片在下嘴唇上贴紧，手持乐器的姿势和手指要准确，在进行发音训练时必须注意之前训练的知识，用下嘴唇紧贴哨片张嘴吸气绷住几秒后用之前训练吹哨片的力度发音，一般只吹b^1来练习，吹5秒左右即可。并且在吹奏中告诉学生认真听，以保持音做的直线运动，不能是拐来拐去的声音。可以循序渐进地演奏所有基本音，都在5秒左右。把各音的指法也都教授给学生。在发音练习上可以加入变化音的练习，加深各音指法的记忆，双簧管高音为d^2、e^2、f^2，可以先不吹，其他基本音阶和变化音阶要背下来，以准备识谱识拍的训练。

在发音练习的2周里，可以在每个音的长度上加以提高，通过之前的气息、嘴型发音相结合的训练方法，学生们已经适应了这三者之间的训练关系，能够自如的吐气绷腰，嘴型固定无误，发音准确，可以训练音准。必须要求每一个学生配备校音器和节拍器，由于少儿耳音的缺失不准，必须加以长期的训练，刚开始要用校音器来结合耳音的训练，让学生们用眼看自己吹的每个音是否准确。每个音的吹奏长度加长到15秒左右，保持直线吹奏，注意音尾的干净，不能有大肚子音出现。

通过两个月的基本训练，应该能基本掌握双簧管发音的方法，也在嘴、气、吹、耳音等方面得到了训练效果。这时应该开始演奏基础乐谱来训练识谱和打拍子。节奏节拍的训练尤为重要。

在节奏节拍训练中，必须要以打拍子为最根本要素，要教授学生们如何看乐谱中的拍号，并能准确地分析拍号，节拍器的速度不变，用脚打拍子练习，记住用脚打拍子时身体是不能晃动的；其次教给学生们各种时值的表现形式，也就是常说的认知分音符号。演奏乐谱前要用脚打拍子、唱节奏型及各种时值的长短，唱好后再开始用节拍器的慢速进行吹奏。使少儿在之前的多样结合训练中，再加上脚打拍子时，眼睛看谱子的结合。所

New Century National Music Educational Innovation Series

以要用慢速来协调所有的结合要素，从而做到完美结合。

由于刚开始，演奏的基础乐谱非常简单易懂，在识谱上应该没有什么特别教授方法。常说熟能生巧，乐谱的记忆也是如此，在不断地基本练习中逐渐把乐谱认熟，也要通过各种节奏性的训练才能更加熟练，随着节奏型以及各个音型之间的难度加深，识谱能力也随之提高。在演奏乐谱的同时，要做好标记工作。如吸气记号，拍子记号，时值数目等都要标上，如摘自朴长天教授编写的《双簧管演奏教程》中的片段。

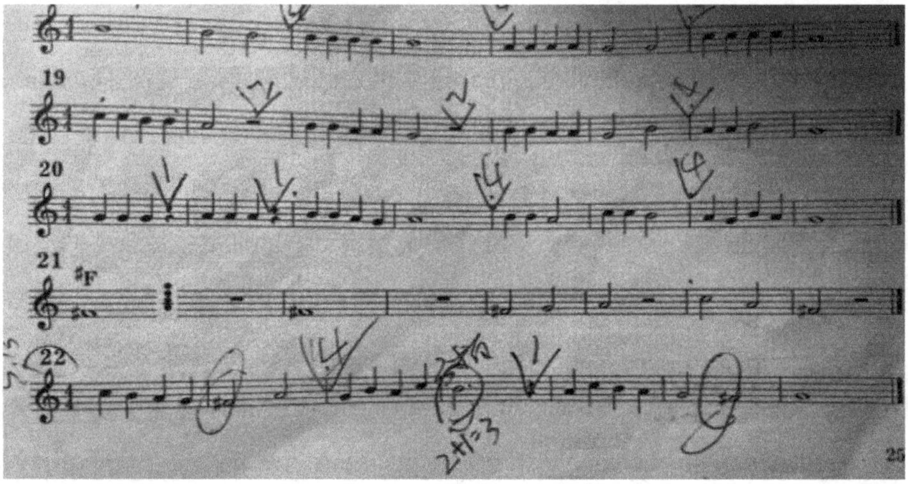

上例乐段的拍号为4/4拍，标记速度为60。在预备拍上打四拍时，并在第四拍吸气，吹奏中看谱子，尽量不用看自己的手，光看自己的手演奏是永远记不住谱子中的音符所对应的指法。在全休止上第一拍吐掉剩余的气。第四拍上要重新吸气再演奏，这样的标记较完整，练习时应该做到。教授小孩子必须要在谱面标记上更加细心，不能忽视任何一个细节。并且必须标记准确，也应该告诉家长们，老师要求的标记注意事项，回家练习要准确，随着基础练习的不断深入，难度的不断加大，速度的不断提高，节奏型更加复杂多样，拍子灵活性的运用，循序渐进的加深完成好每一条乐谱。要求老师们要极为认真地对待少儿学生们演奏的每个音符，不能放过任何音准和节奏节拍的不准确，不厌其烦的反复教学，少儿学生特有的聪明好动和注意力不集中要求教授者要更加认真的对待演奏者的所有吹奏。

在经过6—10个月的基本训练后，大概每位少儿初学者已经掌握了演奏双簧管的基本发音技术和乐谱的认知程度，音准能够控制到基本准确，节拍节奏在节拍器的引领下精准无误，能够连续演奏基础练习的每一条乐谱。气息的运用自如，嘴型和哨片的运用已无障碍。发音准确，手型和吹姿标准，所有的身体各部位都做到协调统一。这时可以开始初级音阶练习曲的演奏学习。

少儿双簧管演奏方法可以参考青少年乃至成人初级演奏法的教学方法，根据少儿身体的自身条件和对双簧管音准音色的诠释程度加以优化，更加细致地研究出一套充分适合少年儿童学习演奏的方法，主要根据每个孩子的实际情况和发育程度确定其学习演奏计划。少年儿童由于还处在生长发育阶段，不能过多地加大训练力度和时间，不能影响他们的生长发育，不能过于劳累，更不能引起少儿的逆学心理。在进入初级学习时，要对基础训练有一个过渡的时期，在基础训练结束时教授1—2首小作品来检验基础训练的效果和方法。可以选择具有中国民族情怀的小曲子，如少年儿童经常在学校演唱的儿歌或他们耳熟能详的民乐作品。运用基础教学方法的所有训练要素，从打拍子唱谱子开始，老师演奏一句，学生唱一句谱子，再由老师演奏全曲，家长录音的方法让学生多听老师的教学示范，一句一句地分段练习。由慢到快，最终达到演奏效果，有条件的家长可以请一些钢琴的伴奏来配合孩子演奏，效果会更好，乐曲的色彩也更容易诠释。

在初级教学的开始阶段，要教导学生认识节拍器和校音器的重要性，对于初级学习者来说，音阶的选择至关重要，包括各个大小调的自然音阶，琶音音阶，琶音分解音阶3度、5度等。琶音的教学要结合断音，也就是吐音的学习与练习。每种音阶都要以连线吹奏和断音吹奏相结合，可以选择《希斯克初级练习曲》中的曲子来练习。

在少儿双簧管教学中，还应培养学生的欣赏能力，经常听一些古典音乐，特别是古典交响乐室内乐双簧管独奏，重奏曲目，以及一些具有中国少数民族特色的作品。经常对各个古典期的音乐和民族作品分别加以介绍，有助于孩子们加深对西洋古典音乐艺术的喜爱和理解。不要过多的要求孩子们非要理解其思想含义，只要求感受到美和听起来好听即可。当然，在教学中也可以让孩子们先听到老师的演奏，录完音后方便回家听，再结合每样作业的识谱唱谱来熟悉所吹作业的音乐效果，模仿老师演奏和练习。

对于少儿双簧管教学的诸多方法中有一样是极为重要的，与家长的沟通配合至关重要。教小孩子，其实就是在教家长。由于孩子幼小，接受能力有限，课堂中老师所讲的内容繁多，不一定能全记住和理解，所以要求家长在一边旁听，并做课堂笔记。也可以录音录像，回家后家长要及时和孩子复习课上的知识和作业。在家练习，家长听孩子吹奏，如有和老师要求不符的地方就及时和老师沟通，及时给孩子纠错，千万不能在家胡乱练习，导致下节课得重新上上节课内容，尽量做到当堂课的内容，当堂课消化。所以老师们特别要注重这一点，与家长的沟通和配合，决定了孩子的演奏方法是否规矩，学习进度是否正常。配合好的家长会发现自己的孩子没有反复学习，每次作业都能完成，好老师也会根据每次作业的完成程度来进行后面的教学，所以这一点至关重要。

在初级少儿教学中，尽量让孩子们参加一些社会的音乐考级，比如说中央音乐学院、中国音乐学院、上海音乐学院的考级等等。现在的考级制度在不断改革和优化，不再像过去的应试教育考级，不但在专业水平的各个级别上分得更清楚，更细致，教材更加系统化。中国少数民族音乐作品在每个考级教材中的每一级都有体现，并且越来越重视中国民族作品的学习和演奏。音乐素养的加入，使音乐类考级更系统化、规范化。音乐考级也是对自己的一种阶段性的测试，可以根据考级中所暴露的问题，优化自己的教学手段和方法，更加有针对性地教好每一个少儿学生。学生也可以通过考级，在学习乐器演奏的同时，也要学习乐理、视唱练耳。简单的音乐素养能提高自身的音乐素质与修养。必要的考级有助于提高双簧管演奏的水平，对少儿今后的音乐发展道路起到至关重要的作用，所以老师们必须把考级列为阶段性学习的重要节点。解决好，利用好是少儿双簧管教学实践中的重要体现之一。

常说教学与实践要相结合、统一。实践活动要做到区域化和民族化的高度统一，在掌握西洋音乐的基础上，取长补短开发适合我们自己的一套系统的少儿学习方法。区域化研究课题应该适用于所有中国少年儿童学习双簧管演奏，不能一味地教孩子们注重西洋的教材和作品。可以多关注中国具有少数民族特色的作品，如中央民族大学朴长天教授编写的具有民族特色的教材和作品集，有很多首少数民族民乐改编的双簧管小曲子，适合少年儿童演奏和学习，从而提高学生们的学习积极性。

中国的双簧管演奏者们要继承和发展中国民族特色的双簧管演奏法，在西洋几千年的双簧管发展史中加入我们中国的民族元素，让世界上所有学习双簧管演奏的人们都来演奏中国民族特色的作品，使双簧管艺术更具多元性。要不断地钻研中国民族音乐，大胆尝试改变其双簧管作品，加大力度推进双簧管青少年教育，调动其积极性，提高其音乐艺术修养。

谈双簧管演奏的呼吸问题

朱同（南京艺术学院）

呼吸是双簧管演奏者极其重要的吹奏基础，是艺术表现的主要手段之一，是必须面对的问题，又是很难说清楚的问题。可以找到大量论述管乐器呼吸方面的资料，在双簧管教学领域也经常能听到有关气息运用的说法，遗憾的是有些说法值得商榷。本文试以双簧管演奏的基础——控制性呼气为中心对呼吸作初步介绍。谬误之处，希望指正。

一、呼吸形式

自20世纪50年代开始，苏联关于呼吸的理论对我国有着广泛的影响。现在看来，由于医学的发展，其中有些说法尚不准确。众所周知，呼吸分三种形式——胸式、腹式、胸腹式。不过实际运用的过程中并没有完全的胸式或腹式呼吸，更难使用绝对平衡的胸腹混合式呼吸。胸式呼吸包含着较弱的腹部运动，腹式呼吸同样也包括胸腔的运动，只不过以哪种为主导罢了。一般说来，成年男性和小儿以腹式呼吸为主；而成年女性则以胸式呼吸占优势，但不否认通过训练仍可使用腹式呼吸进行演奏。

生理学认为，从主导角度讲，呼吸运动只具备两种形式：（1）胸式呼吸，以肋间肌（由提肋肌与降肋肌组成）的交替收缩为主。吸气时提肋肌收缩，肋骨向外扩张；呼气时降肋肌收缩、肋骨下降内陷（图一左），（2）腹式呼吸，以膈肌和腹肌的相互对抗为主，吸气时横膈膜向下收缩展平，呼气时腹肌收缩绷紧。胸式呼吸的特点是胸廓扩张，腹部相应凹陷，呼吸过于向上。腹式呼吸的特点是吸气时下腹部会有轻度隆起，这其实是隔肌向下推动腹腔脏器的直观表现。膈肌的运动见图一右。

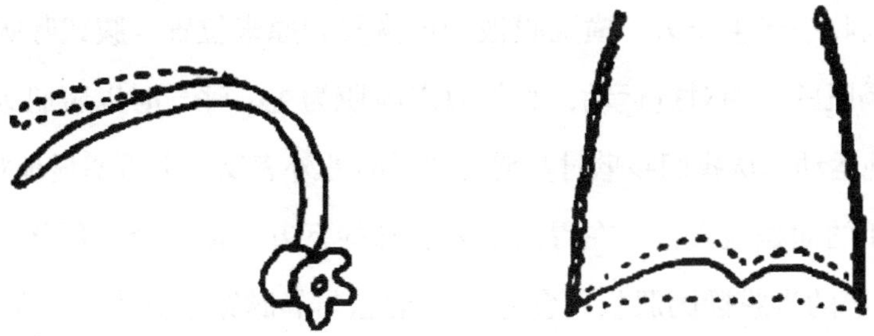

图一

试比较上述两种呼吸：胸式呼吸会导致咽喉部位肌肉紧张，压迫气道使之不通畅，压迫心脏使之易疲劳。主持胸式呼吸的胸壁肌肉太多，收缩时不易在极短时间内完全协调一致，难以胜任灵活、快速的技巧性活动；腹式呼吸主要表现为膈肌、腹直肌、腹内斜肌等少数强有力的肌肉的对抗运动，既可以做到动作整齐而灵活，又能形成正确的气息支撑、减轻喉咙的紧张及收缩。同时，腹式呼吸也包括着胸区的某种扩张。从力学上讲它处于最有利的力点，犹如从牙膏皮底部向上方挤出牙膏是最好的位置一样。

二、呼吸功能

人身的肌肉组织只有一个性能，受到刺激时收缩，刺激消失时便恢复到正常位置。每一块肌肉收到收缩信号后会互相传递动力，这种收缩信号来自于中枢神经中的运动神经元。

单独分析一下腹式呼吸系统的组成及其功能：肺如同房间，腹肌如同墙壁，横膈膜如同地板，咽喉如同天窗。吸气时横膈膜收缩下降，呼气时腹部肌肉收缩产生压力，横膈膜被动地恢复到原来位置。腹式呼吸运动即腹肌与膈肌的互相对抗运动，吸气时以膈肌为主，呼气时以腹肌为主。这种对抗性运动，从我们咳嗽时及婴儿哭喊时的外表反应上可明显地观察到。

膈肌的面积很大，处在胃的上方、肺的下方，是一个天幕状向上隆突（扣碗形）的半膜椭圆肌板，食道、主动脉与静脉穿过其内部（见图二）。一般说来，膈肌仅在单方面吸气时的收缩下降运动中发挥作用。具体地说，由于横膈膜在吸气时是向下收缩展平的，这就使得胸腔形成真空，从而产生出强大的拉力，致使空气进入或者说吸入体内。

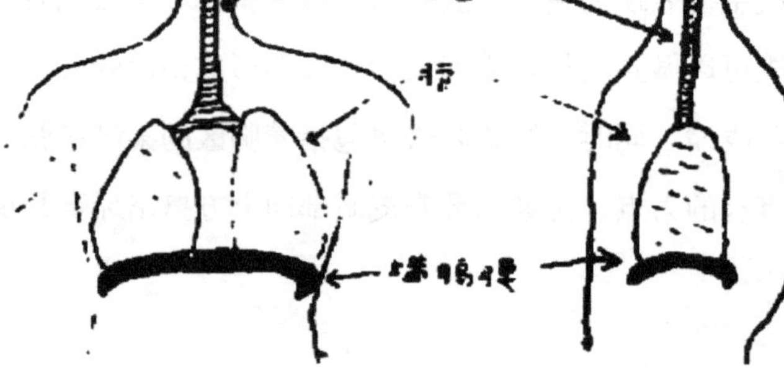

图二

三、控制性呼气

肺本身可以自主呼吸，但这种呼吸是下意识的，缺乏动力，不足以发音。管乐器演奏者必须额外施以动力，使用强力呼吸。

有一种从音乐结构、乐器特性及医学角度进行研究后得出的结论认为：双簧管演奏者不应当大量使用胸腹式呼吸，而应当经常使用以腹部为主导的全面性强力呼吸，即在腹式呼吸的基础上进一步进行全面性的、大幅度的呼吸。这基本符合双簧管演奏者的生理规律及一般音乐演奏的规律，笔者原则上同意这种看法，但又认为不十分确切。由于双簧管演奏者将一定量的气流在一定的时间内有控制地通过哨片风口，没有相应的气压保持能力是不足以演奏的，因此，确切地说，双簧管演奏者需要运用建立在以腹式为主导的全面性强力呼吸基础上的控制性呼吸。控制性呼吸是双簧管演奏者控制气息的关键，原理与声乐的“艺术发声法”相似。在控制性呼吸的过程中，呼气是关键的关键。

前面已介绍，呼气时腹肌绷紧，横膈膜放松回到正常位置（在强大的压力下甚至超过原位线）。但这样又会出现气息一下子跑光的问题。为了保持一定长度的气流，腹壁肌肉必须有控制地收缩，横膈膜也与之相应而被动地、有控制地复位。横膈膜突然放松会诱使腹肌过分收缩；腹肌慢慢地收缩会控制隔肌有节奏地放松。因此，在实际吹奏过程中，为了把气息控制住，不至于一下跑光，吸气肌群与呼气肌群应处于长时间的对峙状态，膈肌与提肋肌在腹肌、降肋肌收缩力量的控制下的自身收缩力量恰恰和腹肌、降肋肌的收缩力量近于相等。注意！这里所讲的膈肌收缩仍受腹肌的制约，是被动的（其实是有控制地慢慢让位）。腹肌收缩得快，膈肌放松得也快，腹肌慢慢收缩，膈肌也就慢慢复位。在呼气的状态下，膈肌与呼气肌相比较属于弱者，即使加倍收缩，最终仍抵挡不住呼气肌强有力的收缩力量，从而以“失败”（全松驰）告终。说到吸气肌，就其在呼气过程中的被动作用而言，在控制性呼气的过程中它只能采取“且战且退，步步为营’的态势，与呼气肌的力量达到基本的动态平衡。从物理学的角度说，在有控制地绷紧腹肌从而帮助膈肌慢慢放松的过程中，腹肌与膈肌之间是存在着平衡点的，只是这个点不固定，一直沿着膈肌“失败”的路线游动。所谓的平衡点也就是人们通常所说的“气息支撑点”“对抗点”。有经验的演奏、演唱家均可以感觉到这个游动点。

再以“渐强”“渐弱”吹奏为例做进一步分析：由于呼气肌随着渐强逐次收缩容易，而逐次放松不易（这符合肌肉活动以及中枢神经的生理特点），往往呼气肌一下子就变为完全松驰状态，音随之也会一下子中断，因而渐弱时，只有运用逐渐增加吸气肌的收缩力量的方法来渐次抵消呼气肌力量，才能得到类似呼气肌逐渐减弱的客观效果。然而，演奏者主观上是很难感觉到吸气肌的收缩运动的，因为腹肌仍是主导，中枢神经只对强的一方敏感。可见，那种强调“横膈膜向上推动”“横膈膜绷紧”的解释，就演奏者的主观感觉以及整体演奏而言，仍然是很不确切的。

四、循环呼吸

这种方法也叫连续吹奏技巧，它是在声音不间断的情况下进行换气动作的。此技巧习惯用于乐句过长、没有换气机会时。循环呼吸过程犹如传统吹制玻璃品的工人的吹气特技，演奏者将气存于口腔，关闭声带，以口腔里的气通过面颊的收缩以及舌头自后而前的运动供给演奏，以此保持声音的连续性。与此同时，鼻子迅速向体内吸入所需空气并很快补充进口中，这种换气过程一定要做到迅速而平稳。由于演奏者将气暂时储存在口腔，吹奏时因为口风的缩小、口腔空间的变化会影响音准，有时声音会明显偏高。

为了简化学习程序，可以直接用乐器练习。建议一开始在打开泛音孔的高音区进行练习，避免低音区。连线中的循环呼吸上行比下行容易，颤指时使用循环呼吸或许更容易，因为不停变化的音高可以在某种程度上掩饰该技术音不准的缺陷。

由于循环呼吸打乱了正常呼吸节奏，长久使用此技巧会导致唇供血不足，唇肌疲劳。过多地滥用之会破坏音乐结构，影响音乐整体的均衡与统一。只有当音乐进行时没有换气机会，而演奏者又迫切需要换气时，循环呼吸才成为一件可以考虑的事。

五、颤吟

意大利文Vibrato有多种译法，有的译成“颤音”，有的译成“振音”，声乐则译成“颤吟”。鉴于前两种译法易与颤指（tr.）混淆，因此翻译成带歌唱意义的“颤吟”比较恰当。之所以专门谈这个问题是因为Vibrato一方面是双簧管演奏者最常用的音乐表现手法，甚至可以说是其“美音专利”，另一方面它的确与气息有着十分密切的关系。

正确的颤吟是指在一个固定音高上以一定速度反复交替出现的不同强弱和音高变化的呈波浪式起伏的声音，是音乐表现的重要手段之一。它能够对音色作进一步的修饰，赋予声音润色和活力，使演奏富有歌唱性，音乐表现更有深度。

双簧管演奏常见的颤吟有下列几种：（1）“喉头颤吟”，这种利用声带的扩张收缩产生的颤吟频率太快，不易控制，给人以紧张感，往往破坏了乐曲的稳定性和流畅性。（2）“嘴唇颤吟”，这种通过嘴唇的松紧（其实是上下牙床咬合的作用）形成的颤吟破坏了口型的稳定，影响唇的机能及音色，加之由于唇肌和面部肌肉紧张，也在某种程度上影响音的连贯性。（3）“腹颤吟”，这种颤吟是通过腹肌与膈肌的反复交替运动导致气流发生变化的方法形成的，它真正具有吟的意味。腹颤吟的特点是音的波动呈规律运动，便于控制，颤动频率根据音乐表现的需要可快可慢，演奏出来的声音自然、流畅、柔和，富于歌唱性。

使用腹颤吟时，在腹肌与膈肌的交替运动中腹肌是主动的，演奏者可以把注意力主要集中在腹肌的松紧动作上。简单地说，演奏者的自我感觉应该是笑或者像发“嘿”音（并不出声）一样。刚开始学习时速度不要快，第一个用气冲击而形成的重音可以强烈一些（犹如用气息打拍子一样），颤动幅度要尽量大，虽然这相当难听，但它在整个练习程序中是举足轻重的。经过一段时间的学习便可以加快重音的频率，从过去的一拍一个或两个（中速）逐渐加到一拍四个甚至更多。学习者一定要控制好气息，使颤吟颤幅的中心正好是标准音高，音的波动也要转向适中。经过这样的练习以后，就可以在练习曲或乐曲中的一些长音符上有意地加入颤吟，随着时间的推移逐渐做到运用自如。

过去有些人曾言：“Vibrato不用练习，到时候会自然产生。”其实，这是非常陈腐的观念，也是对颤吟的重要性缺乏认识而产生的一种偏见。诚然，有些演奏者可能不通过练习也能做出颤吟效果，但由于是习惯性动作，很难控制自如，甚至一些演奏员在乐队校音时也不知不觉地运用了颤吟，结果可想而知。因此，当今一些著名的演奏家和教师指出：颤吟是一种值得重视的技巧，必须通过学习获得，在实际运用时应该能快能慢，该用时用，不该用时绝对不要用。

不要过早学习颤吟，因为正确的颤吟取决于一系列先决条件，如口腔打开，口型稳定，良好的气息控制力，哨片反应要灵敏等，这些问题不解决好，练习颤吟往往会产生不良后果，得不偿失。另一方面，不要滥用颤吟技巧，一个合格的演奏员应当而且必须有能力根据乐曲所表达的内容及情绪合理使用之。独奏或演奏旋律时可以使用，但在重奏中演奏次声部或合奏中演奏非旋律乐句时尽量不要用，因为它会破坏整体和谐。总之，运用颤吟一定要恰到好处，只有做到这些才能演奏出美妙动听的乐曲。

六、呼吸与音乐的分句

音乐演奏的句法直接关系到音乐语言的表达能力，在管乐器演奏中，分句主要由气口决定。因而，在什么地方换气，对于保持音乐整体的准确统一就成为非常重要的手段之一。

一般说来，在休止时间内可以换气，因为休止是曲调停顿最明显的地方。但是，音乐作品中会发现很多休止符，演奏者不应当受每个休止符的诱惑都去换气，因为经常换气会很快引起疲劳，并且有时与音乐作品的精神也不相符。

当乐句中没有明显地表示出休止或停顿时，演奏者可以利用延长音后的间隔进行换气。

旋律节奏反复同样也是换气的重要依据，根据这个原则，即使当旋律连续进行时，也很容易确定曲调的停顿点。

和声功能变化属于曲调停顿不太明显的标志之列，如果没有其他可能时，可以在和声变换前换气。

旋律连续进行时，最明显变换力度的地方可以换气。音程大跳时可以换气。一些因为连线而改变了节奏重音的音乐拐点也可以作为换气的依据。

七、几种训练呼吸的方法及注意事项

学生将手放在自己的腹部上作练习，可以观察腹区是否正确地膨胀、收缩。也可以让学生平躺在地板上练习，放一些书或其他东西于腹部，吸气时东西抬起，呼气时则尽量让腹部保持原来的高度。

长音及慢速度旋律练习，是保证气息支撑的行之有效的办法，每日都要加强这种练习，老师每节课均应抽出几分钟检查长音。

练习中要体会到自脚后跟往上的一系列运动。正确的姿式可以使肺的容量达到最大值，提供一个无障碍的气流通道，便利全身肌系的灵活运用。正确的姿势是头、上背部、臀部、脚后跟成一线。尤其是头，切忌低下或倾斜，因为头部的哪怕是极微小的倾斜都会影响身体的平衡，妨碍自咽至口腔、簧片的空气的运动，坐着时自臀以上部分应与站立时的姿势一样。

长时间呼气时，要充分发挥腹内斜肌、外斜肌、腹横肌、腹直肌的功能和作用并控制好吹气的过程，但要注意必须保持正确的姿式。

可以用嘴吹纸的方法检验气息的流速和空气柱的粗细长短，具体做法是用手拿一张A4纸离嘴约20厘米，正确的气息和空气柱应该能将纸吹起约45度并持续保持，时间越长越好。吸气是通过嘴及鼻子进行的，但快速的吸气仅仅依靠嘴。无论乐句长短强弱，每次吸气都必须吸足，而且，除了有些特定的使用气声的柔音头之外，一般用舌头发音之前必须形成正确的气压。检验气压的方法除了前面提到的吹纸之外，还可以通过更加直观易行的吹空哨进行，正确的气压吹出的空哨音高一定是B。

呼吸的训练要遵守循序渐进的原则，不能急于求成。向初学者解释呼吸的生理功能时宜尽量从简，等学生有了一定的演奏基础和体验后再详细描述。

八、总结

本文中“呼吸形式”与“呼吸功能”两节属人体正常的呼吸介绍（非演奏状态），而建立在以腹式呼吸为主导的全面性强力呼吸的基础上的“控制性呼气”才是本文的重点（演奏状态）。值得重申的是，虽然控制性呼气有吸气肌收缩的因素，但过分地只强调膈肌的绷紧是不恰当的。本文所讲的控制性呼气过程中相对收缩膈肌只限于分别解析膈肌在吹奏时的有限作用的理论上的归诸，实际教学时不讲这一动作，只讲呼气过程中腹肌慢慢收缩从而保持音的持续性就够了。应当尽量帮助学生建立起呼、吸肌互相交替，尤其是收缩腹肌呼气的概念。

前面说过，使用完全平衡的所谓胸腹式呼吸是困难的。其困难在何处？笔者认为，主要是胸式呼吸（指演奏时）因参与动作的胸壁肌肉太多，而成为灵活性的最大障碍，而且容易疲劳。单是胸式呼吸就已对那些快速性、顿挫性、跳跃性等技巧较高的活动以及心脏的活动构成影响，而包含着胸与腹双重动作的所谓胸腹式呼吸其弊病更是不言而喻了，这就是问题的根本所在！不否认深呼吸时有胸腹并举运动，但一般来说，双簧管演奏者的气不是不够用，而是用不完，一般演奏时很少使用深呼吸动作。不否认胸腹式呼吸可以最大程度地吸入空气，某种时候（比如慢板乐章的长乐句、无穷动等）可以使用，但作为音乐表现的通俗手法以及一般音乐结构，尤其是快速音型之演奏，过多地使用它是不适宜的、困难的。一般情况下，双簧管演奏者的气息支撑仅使用本身就包括胸腔较弱运动的腹部为主导的控制性呼吸就足够了。

由于双簧管演奏者的气经常用不完会造成体内废气积聚而影响身体健康。因此，演奏双簧管时，要灵巧运用“双呼吸”和“错开的呼吸”。“双呼吸”的意思是每次吸气前先将肺内多余的废气呼出去再迅速吸气；“错开的呼吸”是指先呼出体内大部分空气，用剩余的气吹完后面的乐句，然后再单独吸气。这两种技术对于双簧管演奏者来说十分重要，必须掌握。

呼吸的训练应是持久的，不可忽略的。任何人，即使是卓越的演奏家，也必须随时注意纠正自己在呼吸上出现的毛病，否则，有害无益。

巴松演奏中的气息

朱武昆（澳门交响乐团）

一、气息的重要性

中国人常说一句话“人活一口气”，放在巴松演奏上再合适不过，叫作“管吹一口气”。经常都会听见有巴松演奏者抱怨或者说担心自己音量小，也会看见有的巴松演奏者像被什么吓到了一样，从两个嘴角抽气一样吸气，然后吹出很“干”的声音。其实，气息解决好了，这些问题可以迎刃而解。这只是气息问题提升以后解决的一部分问题，其实气息问题关系到巴松演奏的方方面面，从单个音的音准、音色、音量到句子里的线条走向等音乐演奏里的所有的细节都跟气息息息相关。与其强调本体外的乐器和哨片，倒不如先来完善一下演奏者自身本体内的气息问题。学习过程中多数演奏者一定有这种经历，同样的乐器和哨片，在自己手上和在更有经验的演奏者或大师手上发出的动静就是不一样，这是为什么呢？最主要的原因就是更优秀的演奏者往往就是气息问题解决得更好的人。看起来很单一的一个动作其实蕴含了很多内在窍门在里面，该文中笔者会为大家一一分享自己学习和总结的关于气息的演奏经验。

*如果说其他的巴松演奏技术要点是珍珠的话，那么气息就是连接所有珍珠的链子。

二、气息的质量

首先，气息也就是呼吸，包括两个方面：呼与吸。先抛开乐器，最完美的呼吸就是当你手捧一朵很香的鲜花贴近鼻孔深深一吸，沁入五脏六腑，再缓缓呼出的过程。越是生动的来源于生活的行为越是巴松演奏或是舞台艺术表演的灵感来源。手捧鲜花来闻，是一个再自然不过的动作，闻到鲜花的时候身心都是愉悦的，这时身体是彻底放松的，恨不得把花香吸到指尖里，让每一个身体的细胞都体会到花香的美妙，你会发现我们会把花香很自然吸到小腹而不是耸着肩膀吸进去，在练习这个动作的时候一定不要急，可以把节拍器调到秒针的速度为60，把整个两拍吸满，太快了无助于体验，太慢了对于初级阶段会比较辛苦。吸完了紧跟着就是呼，这个阶段就自然的张嘴把气呼出去就好。吸两拍呼两拍，在做这个呼吸练习的时候检查自己身体有没有尽可能地放松。

维基百科对于“放松”的定义为：“放松通常代表紧张的释放，恢复平衡。”人只有在失去意识下才能做到不自主的完全的放松，只要在做事情，一定会肌肉紧张起来，但是具体哪些肌肉需要紧张起来，紧张多少，就是一个需要用心观察的过程。这个时候就需要我们自主地去放松，你可以扫描查看一下当下的你身体局部很有可能有被动的不自主的紧张，比如我们的手和手臂各个关节，特别是我们的肩膀，还有脸颊、髋关节、膝关节等都需要我们自主地去检查和提示下达放松的指令。还有种情况是如果不知道此刻这块肌肉是不是在放松的，可以反向操作，即让它彻底紧张起来再彻底地释放。比如以手为例，如果不确定手的各个关节和肌肉都放松与否的话，就用力握紧拳头，体会这种紧张，然后再释放开体会真正的放松。笔者记得在苏黎世歌剧院乐队学院学习时，歌剧院专门为音乐家找来了亚历山大技巧的专家导师，为大家指引怎么样更好地了解自己的身体，才知道放松是一门学问，而不只是简单的两个字。

关于“呼吸”练习，一开始这个简单的吐纳练习是鼻子进嘴出，多做几次以后要在气吸入身体后位置不改变的前提下改为嘴进嘴出，鼻孔保持放松就好，吸的时候也会有少量气自然的从鼻孔进入体内。嘴怎么张？就是打开下颚，这是一个最有效的张嘴方式，如果之后哨片在嘴里的前提下，上唇是保持在哨片上的，只是夸张的张开下颚吸气。

我们需要意识到日常生活中说话用的气和巴松演奏用的气是完全不一样的，如刚会说话的小朋友，其句子都很短，说几个字就要吸口气，等到成年，经验会使我们忘记要先吸气再说话，但这并不代表我们不吸气，而是吸气的时机和多少已经娴熟得不需要大脑特别下达指令了。但是吹巴松不一样，发声由声带延伸到体外的大得多的哨片，句子有可能长到不可思议，还要要求声音要送到音乐厅的最后一排等，为了达到这些目的，吹巴松需要的气不同于日常说话，吸气的时候，要刻意的张大嘴，也就是张开下颚，要在有限的时间尽可能多地吸气到体内。

吸气的时候要听见大量的气体经过嗓门的声音，这个声音也是我们困了在打哈欠时候的声音，有了这个声音就能保证我们的气吸得深，吸得匀。

关于“肚子”，笔者有六字真绝：“吐内紧，吸外松。”体验的方法很简单，平躺后把肚皮上放一个有点质量的东西，比如说哨片盒。在吸气的时候，放松的肚皮会被吸进去的气充满而鼓起来，自然也就把哨片盒子顶起来了，这个可以很直观地观察到。吐气的时候要感觉有个无形的力把肚子匀速推进去，其实就是收紧腹肌的力。不是整片肚皮都在收，而是着重在一个点上，我们可以试着发“呲 ci”的音，要把这个音发好是需要点力气的，而这个着力的点就是我们肚脐上方一指的地方，为什么在这个地方而不是更低，我们所谓下腹的“丹田”呢？这就关系到演奏时候的灵活性，发力的时候多为需要用到下腹的力气。在吸气的时候横膈膜以下的整个腹腔都要充满气，但是在吹气的时候，把着力点关注在上腹，精确位置在肚脐上一指的地方，也有说胃的位置（我的老师 Matthias Racz 的原话是坐在胃上面），因人而异，不过都属于上腹部而非下腹部。关于这个问题说得特别透彻的人不多，以往笼统地把它称之为丹田之气，该说法是源自中国传统武术的内功，与音乐演奏其实没有必然联系。

在了解到“吐内紧吸外松”以及吹气时候的支撑点以后，结合呼吸练习，两拍吸两拍呼，循环练习到不需要大脑去刻意下指令为止，在练习过程中要提醒自己放松。

综上所述，吸的时候首先放松全身，张开下颚，让大量气流匀速经过嗓门，吸到下腹腔；吐的时候脐上一指处发力，肚皮往里收紧匀速吐出气。练习长音的时候可以找找位子，温故知新。

三、气息和哨片的关系

首先要分清楚主次关系，主肯定是人，次是哨片。长笛类铜管乐器不用修哨片，练的是自己。笔者以前总是在想怎么适应哨片，殊不知哨片本应该是完美的，完美的哨片是供我们顺畅的吹气而存在的。但是很遗憾，完美的哨片并不存在，日修夜修的目的就是让它无限接近完美。假设有完美的哨片，饱满的气息从上腹推出以后，经过主气管，打开的喉咙（吸气的时候是打开的），喉结下压，打开的下巴（口腔内“啊”的口型）再往上走顶开上嘴唇，这样才能尽可能让上唇少参与到影响哨片震动中来，再集中的吹入到哨片中让它产生完美地震动。当然这一切都是由气来引领的。这么说，假设我们有一个完美的内在技巧，但是吹出来的声音音色不好，音准不好，那么问题在哨片，不在自身。

四、气息和手指的关系

如果只是单纯的发出声音，那有质量的呼吸和手指就没啥关系。但是要做出咏叹调乐句中完美的legato，要想连线里的十六分音符一个一个清清楚楚发音，那气息和手指就息息相关了。这里我们也要分以下先后关系，是气希望从这个音孔里出去为先，然后手指被音孔中的气压冲开出来为后。只有遵循了这个主次关系才能做到上文想要的音乐表达。

气息在实际演奏中的应用涉及非常的宽泛，也是巴松演奏最核心的问题，只有把所有技术层面的问题结合气息来解决才能做到从脑子里的Idea到听众的耳朵，完美的表达音乐。

论双簧管演奏艺术中的音质音色

朴长天（中央民族大学音乐学院）

双簧管音色及其表现力是丰富多彩的。它的音色很接近人声，尤其接近女高音。在演奏抒情的旋律时，非常富于歌唱性，音色柔和甜美。在演奏比较欢快跳跃、交替出现的连音和断音时也有很好的效果。双簧管的音色天生又带有一些鼻音，有时效果似乎像牧笛，充满了田园的纯朴风味。因此，很早以来就被作曲家经常在管弦作品里为其专写独奏部分，成功的例子很多。在贝多芬的《田园交响曲》里，双簧管音色富于描声绘影的特点；又如柴可夫斯基的芭蕾舞剧《天鹅湖》中的双簧管，悲哀而富于歌唱性。

一、乐器与音色的关系

音色是随着乐器的演变而变化，在这一变化中，由于不同国家制作水平不同，具体要求不同，各自所制造的乐器在音色方面又有所差异，无论是哪一国家所制造的好的双簧管大体上应该具备优美的音色、准确的音程，音域要广，键子运用要灵活。目前，双簧管有开孔式和闭孔式两种，后者的优点更多、性能更好，能解放手指，而且音色更柔和；前者为老式乐器，目前较少能看到。在演奏中由于有时按键不严，乐器跑气就会影响音准、音色。在我国所能见到的，较优秀的有法国马里高斯牌、劳端牌、布费牌等等，音色从低音到高音宽窄较统一，反应灵敏度也好，音色优美。另外还有德国乐器LF和莫尼卡，德国乐器与法国乐器的音色各有特点，如德国乐器鼻音重些，声音相对厚实结实些，但是华丽度不及法国乐器，但也非常柔美。法国乐器音色多数华丽厚实些。

另外，近些年日本产约色夫及雅玛哈牌子双簧管乐器也得到了很多人的喜爱。我国产的双簧管也有其特点：如北京最早产的双簧管是仿德国米纽虚牌，现在也仿造法国乐器，这种新型乐器振动好，音色较厚、明亮。目前，葛克迅先生在上海也制作双簧管，很有英国双簧管特色。金鑫公司也制作双簧管，河北也有合资公司大量产双簧管出口欧美国家。20世纪60—70年代上海最早产乐器是仿造法国式的，它的优点是音准好，音色也较浑厚，与北京产乐器相比音色偏暗。不同的乐器音色适于表现不同风格特点的音乐。乐器的选择是以音乐表现力为依据的。例如，在奥地利维也纳，不仅乐团必须用本国产的乐器，就是音乐学院也必须用本国产乐器，否则不准入学，更不能进入乐团，这主要是因为奥地利制作的双簧管其音色柔和纤细，适于表现传统古典音乐特点。美国产双簧管也很有特点，用美式哨子吹，非常舒服、易吹奏，声音透亮些，给乐队演奏员减轻了些负担。总之，不同国家因音乐表现要求不同，所制作使用的乐器也不同，音色也不尽相同。

双簧管是木管乐器，由上、中、下三节组成，上节音程是从$^{\#}g^2$、a^2以上音程直至泛音区。中节音程是从g^2、$^{\#}f^2$以下音程到b音，而下节喇叭部分是筒音低音区的b音。双簧管的内径尺寸，内径的锥度决定气流变化，上中节是直锥，到下节变成曲线有弧度，下节喇叭口的弧度作用是把声音放开。乐器自身的音质好坏决定于乐器管壁的厚度，而音孔眼和壁厚的比例决定音准，而就音准来讲，音准了，共鸣就大，音质就好，音色也好。

乐器内膛制作工艺是否最佳会影响音质，内膛有变化音质也会起变化。如果重新修整内膛，可以恢复要求的音色效果，但是内膛不宜随便乱动，因为影响音准。

就键子而言，是代替手指作用的。键子高了，乐器反应慢，影响演奏效果；键子低了，气会受阻，声音放不出来，音准就差，音色自然不会好。演奏好双簧管的音色，应对乐器性能、构造有所了解，选择、调整乐器，从而得到自己所追求的音色。

演奏双簧管的人都深深体会到哨子的重要意义，不同的国家在哨子的制作上有不同的制作方法，因此音色上的差异是千变万化的。乐器差一点但哨子很好，可以弥补其音色上的不足；反之，哨子不好，好乐器的优美动听的音色也发挥不出来。可见哨子对双簧管音色的影响是多么重要。哨子必须与乐器配套。德国乐器要适合德国乐器的哨子，法国乐器要适合法国乐器的哨子。

德国乐器的哨子，其哨座、苇子部分、苇子的振动部分、发音部分都有一定的数据要求。哨座部分是45—47毫米，苇子部分25毫米，振动部分10—10.5毫米，发音部分0.8—1毫米。法国哨子的哨座45—48毫米，苇子部分25毫米，振动部分是10—12毫米，发音部分是1毫米左右。

哨子数据不仅是求得一个好音色的条件，更主要的是要以乐器的结构、长度、管内的内径尺寸求得一个音准的音程关系的准确来配哨子。法国乐器与德国乐器哨子有所不同，主要是由于法国乐器比德国乐器长1厘米左右，所以哨子就不能过于长，如果长了那“音高”就不够，在这种情况下如果用加强嘴控制力，压力来达到音高，音色就会生硬，所以哨子短1毫米为好。相反，德国乐器的哨子在法国乐器上演奏，振动幅度就不够，乐器振动就不好，音色不够厚，标准音也不够高。所以哨子与乐器配套，才能奏出好音色。

传统的音色是以欧洲的法国、德国为代表的，而随着乐器的演变，音色也有了变化，传统古老的音色是比较柔和、甘美、带点芦笛声的，一种纯朴的自然美，但随着人们对音色上新的要求，人们的听觉也不满足原来的音色，从而近代出现有些人在音色上做了一些大胆创新和改革。这方面比较有代表性的是20世纪初的一位美籍法国人麻瑟苔忒脱，是位双簧管演奏家，也是教育家。他为了区别于欧洲传统双簧管音色，大胆地在双簧管哨子制作上创新，使得音色很宽厚，有其独特之处，现在很多美国人喜欢这种音色。

总之，各种类型的哨子都有它的优缺点，欧洲式哨子音色要求圆润、自然、纯净、明亮，而美国哨子所产生的音色过于宽，低音区更松弛，比较透亮，可高音区a^2、b^2、c^3这几个音比较窄，而且哨子的发音部分反应迟顿，不灵敏。

哨子是簧片乐器的“声带”，它的质量好坏直接影响到乐器音色的优劣并关系到演奏者技术的发挥。因此，哨子的制作，关键在于哨子材料的选择上，只有高质量的苇子才有可能做出好音色的哨子。选苇子时，主要选表面光亮，通体顺直，质地坚实，纤维均匀、富有弹性，无皱纹、沟槽、腐朽虫眼、伤痕，等等。过于硬的苇子做出来的哨子音色尖锐不松弛；过于软的没有成熟的苇子，做出的哨子音色比较粗糙松散、发闷。苇子质量稍微偏硬一些要比偏软些好。硬些，穿透力强、声音明亮、容易产生好的音色；相反，过于软的苇子做出来的哨子的音色用来演奏室内乐尚可，如果演奏交响乐里的独奏段落就不适宜。它不但音色比较暗、松散、穿透力不够大，最主要的是没有幅度。

有些人有这样的错觉：他们把发音部分和振动部分削得一样厚，以为这样能造成较厚的音质，这是绝对错误的。因为，声音是由发音部发生的，然后带动整个哨片，哨子的发音部分过厚，发音就迟顿或整个簧片振动不起来，所以发音部分必须要合理的薄；相反，发音部分过薄了也会产生杂音。振动部是双簧管能够产生好的音质的重要部分。就哨子而言，振动部分对音质的好坏起着决定性作用。很多国家的哨子最大差别也就区别于振动部分的削法上。美国哨子把两肋刮得特别薄，像骨膜一样，然后中间有一条粗线，像脊梁骨，两边很厚，支撑着，靠中间两肋薄的部分来振动，形成特别宽厚的音色而区别于德、法哨子的刮法。德国哨子很重视振动部分的一个椭圆形的中间部分，尤其重视振动部分的两端，跟发音部分衔接的部分留有一个“圆心”，如果这个“心”刮掉了、刮平了，那么便无法获得好的音色，所以这个“心”要保持一定厚度，才能使得音色圆润，因此刮哨子时，必须要谨慎地对待振动部分的前端。但是，法国乐器的哨子不完全讲究振动部分的前端这一点，因为法国乐器和哨子的配合，必须在振动部前端适当削薄一些，发音部分加宽一些，才能更好地振动，而且发音部延长到10—12毫米，这样声音才能松弛，才能把法国乐器带动起来。

哨座切不可忽视，哨座和捆扎在它上端的簧片两部分组成哨子后插入乐器成为一体。其哨座部分事实上应是乐器管腔的延长，因此，它的长短和几何形状对音程关系和音色也有影响。一般哨座长度是45—47毫米，哨座下口直径与乐器上口直径相同，略微小于乐器上口直径也可，但不宜大于它。有的哨座能做出好的哨子，有的却怎么也做不出好的哨子，主要看哨子的哨度和钢管的比例、前端和末端的比例。内径大小都有一定的差距，一定要符合乐器哨子制作的数据才行。一般来讲，德、法两国的哨座比较好，而我们国产的哨座要数上海产的尚可用。

总之，欧洲传统音色到现在也有所改变。尤其一些30多岁的青年演奏家，他们在追求一种比较浑厚、圆润、集中的音色，特别在哨片上多数喜欢在振动部分的前端增厚一些的哨来造成厚的音色。这种音色有很大的优点，它在乐队里穿透力很强，音色更充实，不过相比传统音色在演奏古典作品，尤其是巴洛克时期的音乐，这种醇厚的音色就差一些。

二、嘴唇的控制与音色的关系

嘴唇的控制是嘴唇以牙齿为垫而包住牙齿，其力量要适当使嘴唇有弹力，能松能紧来控制哨子。牙齿起着一个衬垫作用而不能有咬的力量，否则影响哨子的振动，影响音准与音色。常见初学双簧管者，由于嘴唇无力，不会控制哨子。找不到适当缝口，而声音偏低偏垮。为了克服这个问题，就试着拉紧嘴唇，加大压力，当这种力量过大时，就会咬哨子，声音也就偏高。在演奏低、中、高音区时，嘴唇控制松紧的程度是不同的，每一个都有它一定的松紧度。所以嘴唇控制哨子，直接影响着发音和音色。许多书中都谈到嘴唇必须和牙齿贴住，不能形成气囊，以便运动和收缩。但是英国的独奏家安德申认为，上唇和牙齿之间必须形成气囊，这样才能更好地控制音色，他的体会是形成气囊后吹奏才能松弛，音色更柔和。听他演奏，确实音色圆润、丰厚，也较宽广，能完美地表现音乐。为了更丰富地表现音乐，打破成规又有什么不可以呢？

嘴唇起着控制音色音高的功能，但不能控制力度变化。力度强弱变化不能用嘴唇的松紧来达到。力度的变化是由气造成的。为了把音色吹好，首先要把音程吹准。

嘴唇的控制除去控制音色外还有一个很重要的功能就是控制音高。音准要靠控制哨子来调节，乐器没有绝对音准的音高，音准要靠嘴唇来调整。要保持住控制力，嘴就不能太疲劳，长久的控制力是逐步锻炼形成的。

每个人的生理条件不一样，因此哨子含多少，嘴唇包多少，上下唇各包多少，就要因人而异，但大体上也有一个准则范围。有些学生或演奏者在过去的学习与实践中已形成他的嘴型与音色，如果大体上不妨碍基本方法与音乐表现力，就不必强行改变，否则将会得不偿失。

嘴唇控制哨子过紧的人，声音不会松弛，音也偏高，最好的办法是改善嘴唇过紧的状况，避免过于压迫哨子。含哨子多少要根据自己的嘴唇条件，找出最适度的位置，过多过少都会产生不良效果。含哨子最好不要超过振动部分。

现在世界流行一种与传统双簧管音色有区别的音色，其特点是圆润、丰厚。其办法是含哨子一般适当地多一点，嘴唇也包得多一点，声音就圆厚结实，含哨子的嘴型、舌头位置、乐器和嘴唇的角度、气息的运用都相应地变化。美国虽然口型和哨子也有其特点，但嘴唇控制上和欧洲差不多，他们的音色差别主要在哨子上。笔者曾经用过美国哨子，只要口型不变（适当含多一点）也能吹出他们那种音色。所以美国和欧洲嘴型要求的条件和原理基本是一样的，其差别主要在哨子的制作上。

三、气息运用与音色的关系

舌头主要起控制气流的作用，舌头贴住哨口，当气吹出之前及时离开哨子，使气迸发出去，并形成音头（起奏），而舌头离开哨口过猛、过重（打舌过重），音头就有噪声，不干净。相反，舌头松开过于迟，过于轻，形成音头软，粗糙不干净，音色也就不好听了。

气流速度快或慢造成音量幅度的大小，但不能改变振动频率的增减，气流速度快，振动幅度大，音量强；气流速度慢，振动幅度小，音量弱。渐强和渐弱就是逐渐增减气流速度的结果。如果嘴唇不变，气流速度放慢逐渐停止，音就渐弱而消失。如嘴唇变了就会影响音高，使音不稳定，也影响音质。

气流还有一个实体充实不充实的问题，如果气柱的宽窄保持了，但没有保持住气柱的充实，演奏的乐句就不太连贯，不充实。例如，贝多芬《命运交响曲》演奏得很充实。

许多演奏者吹奏强音时，像“蝌蚪”型，音吹得不够充实，因而表现不出强烈的感觉。我们演奏时如果气息灌得很满，乐句也就能连贯起来。断音、Tenuto的时值变化，都是由气息来控制，而不是靠嘴唇或舌头堵。音的收尾不管什么时值，它的终止音都应该用气来控制，就是按原理放慢气流速度，音就弱了。最后把气流突然放慢，越来越慢，最后让它消失。staccato不仅是断音，而且要饱满、有弹性，如果只是用舌头断音就会dedede……，收音不好，不圆润，是由于收音不是用气来收的。气没有把音收尾之前，不要用舌头堵住哨口，收音时要迅速收气，这个动作要快，而且是连续反复的动作形成连续断音；相反，如果完全用舌头切断音而气不停止，音质就发硬。当然，不同时值的音符，气流的长短也不一样，Tenuto也是气流的变化，始终使气流灌满。mezzo staccato每个音断开，但是连接的长一些，只是断开的时值少一些为好。在勃拉姆斯《D大调小提琴协奏曲》第二乐章中，双簧管独奏乐段是非常优美的，吹奏得很连贯，用Tenuto时，吹奏得清细优美。只需先用舌头点一下连起来就行，当然色彩的变化要靠气息缓急的变化来完成。

在不同时期，不同作家的作品中音头奏法、断音的奏法等，是根据作品风格来演奏处理的。例如：演奏巴洛克时期维瓦尔第、亨德尔等人的奏鸣曲第一乐章的Staccato就要奏成non-legato，在古典交响乐曲的慢板乐章中的Staccato都是要求不要过短而要柔和饱满一些。如果是快速的乐章，这个Staccato又不能过短，也要求圆润、柔和，而这些变化是靠气来完成的。

演奏重音，也是用气来控制。音头是通过舌头迅速离开哨子而形成的，在这一刹那间迅速地吹出一个音量很大的强音，当音头出来以后马上把气流放慢，音量立即减弱，这就形成一个重音的音头，这样才是好听的音色。如果光用舌头击哨或其他办法吹重音，音高会不稳定，发出的声音可能过于强烈，音质也将粗糙尖锐。当然，演奏各种不同时期作家作品时，重音的演奏也不能完全一样。

四、颤音（Vibrato）

颤音是音乐表现的重要手段之一，给音乐活力和润色，用好颤音将会使声音增色不少，属于气息运用范畴。

双簧管是用气流速度缓急交替以达到音量强弱交替变化而形成颤音。也有人认为用嘴唇不如用气来控制，使颤音柔美自如。用控制气流产生颤音也有不同的颤法：（1）颤音交替之间的间隔宽广些，慢一些，强弱明显些，大些，许多捷克的演奏家这样演奏，这是他们传统的风格。我们国内这种颤法也常见，这是颤音偏宽大的一种。（2）比较密集的颤音，交替较快，世界上用这样颤音的演奏者较多，尤其是青年演奏家们更多。用这种方法不能过快，过快的颤音叫小颤音，不大好听。笔者认为，颤音要平均些、自然些才好，但颤音随音乐性质而变化，也有的声音不用颤音更好、更饱满。有时，音开始不用颤音而逐步加入颤音也有其特有的味道，所以颤音的快慢、大小、增减的变化，是随着音乐的表现而相应地改变的。

关于是否用颤音，在美国形成了一个争论的焦点，原费城的首席双簧管“穷兰西”是不大用颤音的。现在年轻的一些演奏家是擅长运用颤音的。他们认为用颤音更生动，音色更柔美。笔者认为，用不用颤音不应成为争论的焦点，而是看作品的需要及个人能力来决定。小泽来华时，有人提过这个问题，他说：“不能一概而论，而是就演奏不同的作家及作品来决定，莫扎特的作品最好用，而勃拉姆斯的作品则最好不用……。”在学习颤音时，不要孤立地练习颤音，而应结合音乐的要求来练习，从而取得音色上良好的效果。

音色是构成音乐表现力的一个很重要的因素。是音乐的表现手段之一。由于个人的艺术趣味不同，生理条件也各异，在这种不同的主客观条件下，再经过长期的演奏实践，逐渐形成每个演奏者所特有的音色。有人喜欢比较浑厚、圆润的音色，有人喜欢柔美、纤细的音色，也有人喜欢明亮、挺拔的音色，还有人喜欢暗一些，带有忧郁色彩的音色。由于每个人性格的不同，对音乐的理解不同和对音乐美的追求标准不一，所以就形成了各具特色的音色。笔者所指的音色特点不同，是指各种音色产生于不同的审美，表现目的及表现方法，它们之间的差别是有客观目的的。

综上所述，笔者认为要获得完美而又理想的音色就必须严格注意乐器、哨、嘴、气息等方面对音色的影响。音乐本身具有很大的抽象性，音色也如此。每个人的感觉不同，演奏的效果也不尽相同，但概念应该是大体一致的。为了表现美好的音乐就需要追求美好的音色。在分析音乐，理解表达音乐方面应更全面地深入下去，用不同的风格、手法来丰富我们的演奏，使之更接近于人们对音乐的不断追求。总之，要想演奏好双簧管，首先要掌握好科学的演奏法，但是技术是手段，音乐美的诠释才是我们所追求的目标。

本杰明·布里顿两首双簧管作品探究

严岩（中国双簧管网负责人）

双簧管的发展，经过巴洛克、古典主义、浪漫主义这几种主要音乐风格的洗礼，来到20世纪的现代化作曲风格下，展现出了更加丰富的创作技法，更是在以十二音作曲体系为代表的先锋乐派的影响下，将和弦音、滑音、花舌、循环呼吸等从其他乐器移植来的技法运用到双簧管演奏上。同时一大批新兴作曲家为双簧管创作了大量现代派音乐作品，如斯托克豪森、欣德米特、勋伯格、潘德列斯基、贝里奥、霍利格等丰富了双簧管的艺术表现。然而，作为20世纪现代化大背景下的英国作曲家本杰明·布里顿却展现出自己的创作特色，他并没有被现代气息完全渲染，而是在传统的基础上与现代技法相融合，使其创作的音乐作品具备了复古和现代的气息。本文选取布里顿创作的第一部双簧管作品《幻想四重奏》和最后一部双簧管作品《奥维德的六个变形》进行研究，分析其作品特征，同时也从作品创作的背后探寻双簧管在英国的发展，以此帮助演奏家更加清晰地了解作品内涵。

一、布里顿的四部双簧管作品

本杰明·布里顿（Benjamin Britten）是20世纪英国最重要的作曲家之一，他的作品以本民族传统为基础，广泛采用各种风格、技巧与手法，兼收并蓄，将其融化成自己的语言。布里顿的作品主要以抒情为主，有时略显简朴，虽然不像勋伯格、斯特拉文斯基那样具有强烈的创作个性，但仍然富有新意，充满浓郁的现代气息。布里顿在交响乐和声乐方面颇有建树，在器乐领域，尤其是双簧管，他创作了四部作品：《幻想四重奏》（*Phantasy*，Op 2）、《尘世变奏曲》（*Temporal Variations*）、《两首昆虫小品》（*Two Insect Pieces*）、《奥维德的六个变形》（*Six Metamorphoses after Ovid*，*Op* 49）。虽然数量不多，但拥有着较高的质量。这些作品都是题献给双簧管演奏家的，其中《幻想四重奏》为列昂·古森斯（*Leon Goossens*），《尘世变奏曲》和《两首昆虫小品》为西尔维亚·斯潘塞（Sylvia Spencer），《奥维德的六个变形》为乔伊·鲍顿（Joy Boughton）。

《幻想四重奏》题献者和首演者是当时英国乃至欧洲最为著名的双簧管演奏家列昂·古森斯，在其推广下该作品一度吸引了欧洲观众和音乐家的目光。《奥维德的六个变形》由于其独特的创作形式和音乐内涵，更是成为双簧管演奏者的必修作品。

二、19世纪晚期和20世纪双簧管艺术在英国的发展

虽然德国学者奥斯卡·施密茨（Oskar A.H.Schmitz）曾在20世纪初的《没有音乐的大地》[①] 一书中对比英国、德国两国的音乐作品和作曲家，

---

① Oskar A.H.Schmitz：*Das Land ohne Musik*，München：Georg Müller，1914.

批判英国的古典音乐文化浅薄。但他忽略了英国是一个有着丰富的民间音乐的国度，这些民间音乐正是培养优秀作曲家得天独厚的环境。同时，亚瑟·沙利文（Arthur Sullivan）、爱德华·埃尔加（Edward Elgar）、沃恩·威廉斯（Ralph Vaughan Williams）、古斯塔夫·霍尔斯特（Gustav Dheodore Holst）、阿诺德·巴克斯（Sir Arnold Edward Trevor Bax）、本杰明·布里顿等一批年轻的作曲家已经开始在施密茨著作出版的时候开始成长或开始在欧洲舞台展现他们的才华。这些作曲家更是在埃尔加和威廉斯等作曲家的带领下在20世纪上半叶复兴了英国音乐。英国民歌是田园牧歌式旋律形式的代表，而双簧管细腻、甜美的音色和类似鼻音的效果尤其适合表现英国民歌作品。英国作曲家注意到这一点创作了大量双簧管音乐作品，并形成了独特的英式双簧管音乐风格，代表作有沃恩·威廉斯的《双簧管协奏曲》、约克·博文（York Bowen）的《双簧管奏鸣曲》、尤金·古森斯（Eugène Goossens）的《双簧管协奏曲》。

17世纪中叶，英国开始从现代双簧管的发源地法国进口双簧管乐器，同时也引进双簧管演奏者和双簧管作品，并一直持续到20世纪初英国音乐复兴之前。虽然也曾有双簧管演奏家阿波罗·巴雷特（Appollon Barret）撰写著名的《双簧管完全手册》（*A Complete Method for Oboe*）并使用至今，可是总体上英国本土双簧管演奏家从人员数量、演奏水平和乐器研发上还是无法和欧洲其他国家进行比较。自从沃恩·威廉斯、阿诺德·巴克斯、本杰明·布里顿等作曲家的出现，才从20世纪初开始逐步改变英国双簧管原创作品较少的局面。同时，与瑞士人海因茨·霍利格（Heinz Holliger）共同奠定双簧管在20世纪音乐地位的英国双簧管演奏家列昂·古森斯以其独特的演奏魅力使得众多作曲家为其献作，并将英国双簧管作品和英式演奏风格推向世界。此外，在1948年成立的本土乐器制造商霍华士（Howarth）乐器公司也开始研制英式指键体系的双簧管乐器。这些都为双簧管在英国的发展和确立英式双簧管学派在世界的地位打下了坚实的基础。

三、《幻想四重奏》创作背景和作品分析

（一）创作背景

1932年，年仅19岁的布里顿为双簧管、小提琴、中提琴和大提琴创作了《幻想四重奏》。人们在认识《幻想四重奏》作品时，经常会对其身份产生误解，经常与曾在格贝特室内乐大奖（Cobbett Chamber Music Award，音乐学家W.W.Cobbett设立于1905年的一项比赛，这项比赛的前提是鼓励当代英国作曲家创作英国风格的器乐作品）上获得奖项的《f小调弦乐五重奏幻想曲》混淆。事实上，在获得此奖的几个月后，布里顿才完成《幻想四重奏》的创作。格贝特室内乐大奖对英国从事室内乐创作的作曲家无疑是在金钱和荣耀上重要的肯定和奖励。尽管《幻想四重奏》并不是曾经斩获此奖项的作品，但对于布里顿仍是重要的作品。这部作品的创作是题献给英国传奇演奏家列昂·古森斯的，对于古森斯的第一次表演，布里顿给出了精彩绝伦的评价，随后这部作品开始频繁和广泛的传播之路。更有乐评人对这部作品给出“十分引人注意”这样的评价。布里顿在这部作品中，虽然使用了并不陌生的音乐素材来展开发展，却将双簧管吹奏的旋律设置为边缘性的表演，展现了布里顿创作中的独特魅力。

（二）作品分析

《幻想四重奏》有一个特殊的身份，那就是布里顿第一部以双簧管作为主要乐器的室内乐作品通过广播和表演的传播积累了广泛的观众基础。

虽然这部作品处于布里顿创作初期，但在布里顿和出版社看来却十分有价值。作为布里顿初次以双簧管为主角的室内乐作品，这样的“属性”并没有影响这部作品的艺术表现，尽管创作这部作品时，布里顿还十分年轻，但在作曲方面的天赋却让这部作品在和声、技法上展现出创新意味。另外，其他作曲家和乐评人对布里顿创作的关注和评价、分析也展现出布里顿作品中隐含的艺术魅力。

这部作品是单乐章的音乐，共包含了四个乐部。第一乐部采用的是带有进行曲感觉的行板，在这个乐部中弦乐器担任着重要的角色，弦乐器提供进行曲的节拍作为音乐的基础，双簧管的表演完成抒情和狂想的双重表现。第二乐部是在快板的节奏上准确地进行，在这个乐部中，各个乐器之间的核心音进行展现出五声音阶的面貌，并且双簧管的主角地位在此有所减弱，由弦乐器突出五声音符的演奏来营造诗意，展现出鲜明英国田园乐曲的风格。第三乐部类似于舞曲的风格，此时双簧管的地位有所回升，与弦乐器共同配合，营造出摇曳的舞曲风貌。第四乐部重新将第一乐部的旋律再现，用这种回忆的方法再次展现了双簧管的抒情和狂想，最后在大提琴的弱奏下走向结尾。

四、《奥维德的六个变形》创作背景和作品分析

（一）创作背景

《幻想四重奏》是布里顿第一部以双簧管为主的室内乐作品，而《奥维德的六个变形》则是布里顿最后的一部双簧管室内乐作品。然而这部作品却让布里顿承受了不少非议，这部作品中布里顿并没有为双簧管配置伴奏。探寻《奥维德的六个变形》的创作背景可以发现，这部作品的首位演

奏者乔伊·伯顿与布里顿关系十分密切。在布里顿创建的奥尔德伯格音乐节（Aldeburgh Festival）中与伯顿结识，出于对伯顿的欣赏，布里顿创作了这部双簧管独奏作品。同时，神话、传说人物的背景为这部作品赋予了独特的魅力。这部作品是双簧管艺术中独奏的代表，作品以希腊神话中的人物作为主线依次发展，音乐主题的变化和进行展现出了布里顿有深度的创作。

在《奥维德的六个变形》的首次版本中，布里顿并没有在其中安排节奏的提示。在布里顿听过海因茨·霍利格对作品的表演后，布里顿即刻在作品中加入些音乐符号来规划《奥维德的六个变形》的演奏效果。这是因为霍利格对《奥维德的六个变形》的即兴发挥和处理所展现出来的效果与布里顿最初的设想有很大差异，并不是霍利格的演奏技巧不适用于这部作品，而是他的演奏处理使《奥维德的六个变形》的音乐表现并不是布里顿所设想的那样，因此布里顿通过再次添加音乐符号的方式，来指引演奏者实现自己所设想的音乐效果。

（二）作品分析

《奥维德的六个变形》这部作品在1951年完成创作，布里顿为每个部分安排了标题来表示变形的内容，每个变形都是运用神话中的人物来表示，同时还设置了短小的文字来解释每个变形的内容。第一个变形“潘神”，注释是“吹奏心爱的簧管（排箫）”。第二个变形“法厄同”，这个人物是太阳神的儿子，注释的文字是“一天他乘着太阳战车，被一个霹雳推进帕杜斯河中”。第三个变形“奈尔比”，注释是“她的14个儿子因为自夸全部被杀死，她悲伤不已，化为石山”。第四个变形“酒神巴克斯”，变形配备的文字是“嘈杂的妇女喧闹声和男孩叫喊声充斥了整个宴会”。第五个变形“水神那喀索斯”，注释是“一位爱恋自己在水中的影子，后来化为水仙花的美少年”。第六个变形“水神”，注释是“凝聚了爱的泉水”。

《奥维德的六个变形》使布里顿的创作展现出独特的色彩，在没有伴奏的情况下，由双簧管独奏独挑大梁。另外布里顿对乐曲中各个部分名称的设置，事实上就是标题音乐体裁模式。《奥维德的六个变形》的每个题名都能让我们联想到布里顿作为歌剧作曲家的鲜明特征，比如：第五首在同一行谱中暗示着两个声音，一个声音描写水仙花在池塘中的影像，另一个声音对其模仿，犹如声音的回荡。第四首不用说是有意表现酒神狂欢的场面。二、三、六也不难解释，音乐形象与标题一致 —— 雷电、石山和泉水。《奥维德的六个变形》是为户外水上或者骑在马背上演奏构思的，这种演奏方式存在一定的难度。布里顿在创作作品时借鉴了巴赫创作无伴奏作品的经验，努力超越演奏的局限，这种大胆的尝试显示出作曲家卓越而非凡的“同音异义”和“旋律对位”的作曲技术。

五、总结

在20世纪这样一个音乐风格多异的背景下，布里顿的创作体现出鲜明的传统色彩，他基于英国传统音乐之上，将牧歌和文学相互糅合运用在自己的音乐中，提升了双簧管音乐的魅力。在布里顿的创作中古典的严谨、浪漫的色彩以及现代的多变都能够有所展现，因此从风格上并不能严格的将布里顿的创作规划为单一的风格，而应该将其总结为20世纪的现代背景中所展现出来的多彩音乐创作。布里顿通过作品所提供的审美习惯使欣赏者在传统音乐的体验上有了进一步的深化，这也是他赢得关注的重要原因。布里顿在对传统和现代元素的糅合把握中，体现出较高的处理手法和能力，为其创新提供了鲜活的元素。对于布里顿而言，演奏者的表演会成为其创作中的偶然因素，表演者的技巧会影响其音乐作品的表现形态，这便是布里顿创作中的指向性所在。也正是通过演奏者表演的启发，促使了布里顿创作过程的完成，来实现为演奏家进行创作的工作。

《幻想四重奏》和《奥维德的六个变形》这两首双簧管作品是布里顿双簧管音乐创作生涯中的首尾两部作品，通过这两部作品能够看到布里顿整个双簧管音乐创作的发展模式，展现出布里顿对双簧管音乐的惯用手法和不断创新。通过对这两首作品的整理和分析，能够看到，虽然这两首双簧管音乐作品中体现了布里顿不同的创作手法，但却在布里顿的创作中均占有重要地位，并且同样体现出他对于双簧管艺术的高超把握。

双簧管协奏曲《花钟》的演奏技术与气息运用（节选）

方恒健（中央音乐学院）

双簧管协奏曲《花钟》是法国著名新巴洛克主义作曲家让·弗朗赛（Jean Francaix，1912—1997）的代表作之一。该协奏曲不同于20世纪那些更富盛名、调性模糊的作品，而是以明晰的调性、如歌的旋律、丰富的织体变化见长。本文从笔者自身的演奏心得出发，从音乐主题描绘的视角解读该作品的创作意境与音乐本体分析，着重以双簧管演奏技术与气息的运用为研究核心，从而帮助演奏者更为立体地诠释与理解该作品。

一、让·弗朗赛与双簧管协奏曲《花钟》简介

让·弗朗赛为法国杰出的作曲家与钢琴家，1912年5月23日出生于法国勒曼（Le Mans），1997年9月25日逝世于巴黎（Paris）。让·弗朗赛出生于音乐家庭，父亲艾弗列德·弗朗赛（Alfred Françaix）是

一位作曲家、钢琴家、音乐理论家与指挥，并在勒曼音乐学院（Le Mans Conservatoire）担任指挥，也是弗朗赛的启蒙老师；母亲是一位歌唱家与歌唱老师。弗朗赛最早被拉威尔（Maurice Ravel，1875 — 1937）所肯定。

让·弗朗赛是活跃在世界各地舞台上的法国作曲家，一直积极持续他演奏家与作曲家的身份表演与作曲。除了创作，他也以钢琴演奏家的身份在欧洲与美国举办了数场音乐会，均由各国的杰出指挥家指挥，例如孟许（Charles Munch，1891 — 1968）和卡拉扬（Herbert von Karajan，1908 — 1989）等。他的作品非常华丽且多变化，几乎都会带有优雅、清新及幽默。他喜欢利用传统的形式，像是协奏曲、管弦乐，或是清唱剧，并且融合了如利用法国传统手法的折中方式。钢琴曲占了他的作品的绝大多数，还有一些可以让演奏者发挥技巧的器乐曲或是室内乐与二重奏。除了改编过自己所创作的乐曲，他也改编过其他作曲家的作品，例如沃尔夫冈·阿玛多伊斯·莫扎特（Wolfgang Amadeus Mozart，1756 — 1791）、弗朗西斯·普朗克（Francis Poulenc，1899 — 1963）与弗朗茨·舒伯特（Franz Schubert，1797 — 1828）等。而让·弗朗赛最为大众所知的改编曲则是在1962年由普朗克自己要求希望能改编他自己的《小象巴巴尔的故事》（*L'histoire de Babar*）。

让·弗朗赛所生活的时代正处在浪漫乐派（Romantic School）盛行的后期，许多音乐派别开始建立起来，包含国民乐派（Nationalism）、印象乐派（Impressionism）、表现乐派（Expressionism）以及弗朗赛所属的新古典乐派（Neoclassicism）。新古典主义兴起于第一次世界大战结束前，与晚期浪漫主义反其道而行之。他们反对的是法国印象乐派的朦胧性，以及德国后期浪漫乐派的复杂性与冗长且庞大的编制。新古典乐派所强调的是音乐的单纯之美，回归自然、俭朴，回归到巴洛克时期，明确的使用曲式，绝对音乐，以音乐本身的材料构成音乐，对位与赋格的再度使用，但不受调性限制；简单来说，它有着“回归到巴哈”的精神，但最终所呈现出来的音乐仍是不同于古典乐派的。

让·弗朗赛的音乐风格属于完全的法国音乐，承传自德布西（Claude Debussy，1862—1918）、普朗克、米尧（Darius Milhaud，1892—1974）、卢塞尔（Albert Roussel，1869—1937）及夏布里耶（Alexis-Emmanuel Chabrier，1841—1894）等人，但是又拥有非常多的个人风格。他大部分的音乐，都让人很难联想到与梅湘（Olivier Messiaen，1908—1992）、乔利威（André Jolivet，1905—1974）为同一时期的法国作曲家。弗朗赛的曲式结构大多都非常遵循着奏鸣曲式的结构，即使是一首非常简短的乐曲；而主题通常是较富旋律性的，或是一个非常简单的动机，并且将这个主题或动机加以反复或是变奏。在让·弗朗赛的作品中，也会常常出现一些像是滑稽对话般的旋律在器乐部分，而这些对话也都是相当简洁的乐句，让·弗朗赛利用这些不同的变奏与节奏的多变性来强调与影响想要表达的想法。他的音乐也建立在像是波卡（polka）与快步舞（galop）这类充满朝气的舞蹈中，来展现不可抗拒的激情，而这些通常也会考验着表演者的节奏感。让·弗朗赛的作品，从《钢琴小协奏曲》（*Concertino pour piano et orchestre*）到《长笛竖笛的协奏曲》（*Double Concerto for flute and clarinet*，1991），大部分的协奏曲都能展现出演奏者的技巧，而弗朗赛的个人风格色彩也影响到了后来法国音乐的发展。从他的作品中也可看到他的幽默风趣的个性，他把“希望能借由他的音乐为人带来愉快开心”为最重要的写作目标。

双簧管协奏曲《花钟》创作于1959年的夏天，是当时费城交响乐团（Philadelphia Orchestra）的双簧管首席Johe De Lancie出于对让·弗朗赛对音乐处理及对管乐的了解能力的认可，委托让·弗朗赛完成的乐曲。这首乐曲是在1961年3月31日与费城交响乐团合作首演，由Eugene Ormandy指挥。19世纪以来，标题音乐逐渐成为西方作曲家钟爱的音乐形式，为纯器乐作品加上文学性或抒情性的标题成为作曲家与听众交流的桥梁，透过标题，听众可以更准确地捕捉到作曲家的创作意图，对音乐作品的欣赏和理解也更为直观。对标题音乐而言，标题本身就是整部作品的“引子”，音乐本身则是对标题和创作意图最好的诠释。

在标题的辅助下，音乐却可以描绘出独特的形象，是造型艺术、语言文字都无法比拟的。在《花钟》这首作品里表现得尤为鲜明。

让·弗朗赛的双簧管协奏曲《花钟》的创作命名的灵感源自于著名瑞典植物学家及动物学家卡尔·林奈（Carl Linnaeus，1707—1778），1735年发表的《自然系统》（*Systema Natural*）里花时钟的概念。卡尔·林奈利用几年的时间，把观察出来的结果组成为花时钟30。在这部著作中大多数的植物都有自己的生理时钟，比如猫薄荷（catmint or catnip），它的开花时间大约是早上的六点到七点、菊花（orange hawkweed）大约是在早上七点与八点之间，而金盏花（marigolds）大约是在早上九点。

通过笔者的自身演奏体验，作曲家将标题与音乐主题陈述融为一体，每个段落标题的引导性为音乐的描绘性做了很好的铺垫。《花钟》每段的标题均以时间为线索，将7个时间点作为一种情境设定，以不同的花开放为表现对象，为观众呈现出各个时间段中巴黎的生活景象与城市性格。七个乐章的含义诠释分别为：

第一乐章《三时，日香木》（3 *heures Galant de Jour*，法文直译：3点，美好的一天），三时，夜的沉静通过作者长线条的旋律，展现在观众面前；

第二乐章《五时，蓝爱神菊》(5 *heures Cupidone Bleue*，法文直译：5点，蓝色丘比特)，五时，巴黎即将迎来第一道曙光前的雀跃；

第三乐章《十时，昙花》(10 *heures Cierge a grandes fleu*，法文直译：10点，蜡烛花)，十时，整个城市如苏醒一般开始运转与工作；

第四乐章《十二时，夜花》(12 *heures Nyctanthe du Malabar*，法文直译：12点，马拉巴的夜素馨)，十二时，欢快、娱乐、带有爵士感，如人们午休时俏皮的对话闲聊；

第五乐章《十七时，天茄儿》(17 *heures Belle de Nuit*，法文直译：17点，美丽的夜晚)，十七时，夕阳西下巴黎即将回归平静；

第六乐章《十九时，天竺葵》(19 *heures Geranium Triste*，法文直译：19点，伤心的天竺葵)，十九时，辛劳一天后与朋友们聚会于酒馆时欢快的情绪；

第七乐章《二十一时，麦瓶草》(21 *heures Silene Noctiflare*，法文直译：21点，夜间的蝇子草)，二十一时，气氛渐进、逐渐推向高潮，如狂欢一般以辉煌的形式结束美好的一天。

二、双簧管协奏曲《花钟》音乐本体分析

(一)整体特征

不同于20世纪那些更富盛名、调性模糊的作品，《花钟》以明晰的调性、如歌的旋律、丰富的织体变化见长，作曲家弗朗赛在这部作品中没有追逐当时流行的现代派作曲技法，反而用传统的作曲手段、法国人特有的浪漫情怀，勾勒出一幅幅风情各异的曼妙场景。

《花钟》的音乐结构有着很鲜明的段落划分，包括7个段落，通过调

性、速度、织体等音乐元素的对比变化，构成情绪各异又完整统一的作品。整体而言，《花钟》7个段落用速度变化加以区分，分别为慢—快—慢—快—慢—快—快，使乐曲起伏鲜明，急缓得当。同时，在速度的对比变化中也可增强主奏乐器双簧管的音乐表现力。《花钟》每个部分结构都比较短小，往往采用单二部曲式、单三部曲式。由于每个段落都相对完整，音乐主题也各具特色，这使得《花钟》更像是在7个时间点上，对鲜花及环境的描绘。在调性选择方面也很有特点，其调性布局不以调的功能为基础，而重在用不同调的色彩性特征进行描绘和渲染。作曲家在7个段落中分别使用了F大调—A大调—D大调—G大调—E大调—D大调—C大调，其布局有三个特点：其一，全部使用大调，让作品统一性更强；其二，大调在该作品中占主导地位，以大调的明亮色彩呼应花朵开放；其三，调高走向为先上行后下行，与各个段落时间点由早到晚相对应。速度变化和调性布局特征将整部作品规划成一体，看似独立的7个段落变得有序。除上述方面，笔者认为，这部作品在标题性与描绘性、复调技法运用、织体特征三个方面也颇有亮点。

（二）标题与主题描绘

第一乐章《三时，日香木》（3 *heures Galant de Jour*，法文直译：3点，美好的一天），三时，夜的沉静通过作者长线条的旋律展现在观众面前，时间为宁静的凌晨，“美好的一天”则凸显出光明的预兆。音乐由弦乐组演奏的引子开始，非常弱的力度和半音化的级进营造出轻柔的推动力和紧张感。而引子过后，双簧管则从F大调分解主和弦开始，明亮的色彩将花朵即将开放的朝气描绘了出来。这一段落对整部作品而言也有引子的作用，和声功能传统、力度起伏小、旋律主题也没有过多发展变化，但这给听众很强的期待感，为下一段落积蓄活力。

第二乐章《五时，蓝爱神菊》(5 *heures Cupidone Bleue*，法文直译：5点，蓝色丘比特)，五时，巴黎即将迎来第一道曙光前的雀跃，在调性上与第一乐章为承接关系，由双簧管在F大调上演奏引子，其旋律跳跃性更强，速度也更快，装饰音和跳音为这一段落奠定了灵活流畅的基调。随着单簧管、巴松的加入，该段落转入A大调，较之前段高三度，因此色彩也较为明亮跳跃，仿佛黎明越来越近。

第七乐章《二十一时，麦瓶草》(21 *heures Silene Noctiflare*，法文直译：21点，夜间的蝇子草)，则为听众营造了一个欢乐热闹的夜晚，蝇子草花朵较小，花瓣细长，弗朗赛为该段落配以简洁、有力的主题旋律。该主题只有两个小节，节奏型短促，且出现在各个声部，也是全曲唯一有乐队齐奏的段落。笔者认为，作曲家试图通过多次用各个乐器陈述主题，是为了营造蝇子草数量纷繁，在夜空下随风舞动的情景。气氛渐进、逐渐推向高潮，如狂欢一般以辉煌的形式结束美好的一天。同时，作为全曲最后一段也需要整个乐队将作品推向高潮，并在辉煌处结束。

(三)复调技法的运用

《花钟》作为一部双簧管协奏曲，运用了许多木管组乐器的复调对位技法，以双簧管为主，与单簧管、长笛进行复调式的“对话”成为这部作品的一大特色。在几个快速段落，复调风格尤为鲜明。

在第二乐章《五时，蓝爱神菊》的25—35小节，双簧管与单簧管进行了一次炫技式的“对话”，这11个小节出现在本段两次主题陈述之间，因此带有对比中段的性质。双簧管首先演奏装饰性比较强的乐句，此乐句基本在本段同主音的a小调上进行，单簧管则在对应位置演奏基础音。

随后双簧管演奏较慢、悠扬的对比乐句，单簧管则模仿双簧管的快速乐句。为突显双簧管声部，作曲家在此处创作比较自由，离调灵活，而单簧管的两个声部则变化不大。

在第四乐章《十二时，夜花》中，作曲家更加突出双簧管与单簧管的复调写法，两件乐器的功能也更为明确。此段落的主题由两个平行乐句组成，旋律简洁轻快，互为平行大小调（G大调—e小调）。

主题乐句始终在双簧管声部，从20小节开始，单簧管加入"对话"，且主要在高音区进行，以此表现双簧管在中高音区的音色特征。此外，单簧管旋律以变化发展为主，跳跃性更强，与相对稳固的双簧管声部形成鲜明对比。

在《十七时，天茄儿》中复调手法又发挥了动力性效果。该段落的主题非常深情，在双簧管完整演奏主题后，长笛和小提琴对其进行模仿，两件乐器形成的混合音色强化了主题旋律的表现力，并将该乐段推向高潮，最后再由双簧管再现主题。此处复调技法运用增加了音乐的层次感，可以获得优良的演奏效果。

由上述可见，作曲家在运用复调对位技法时，始终保持双簧管声部的核心地位，其他木管组乐器主要从旋律发展、音色对比等方面加以辅助。复调技法不仅使整部作品的艺术表现力增强，木管组乐器与弦乐组乐器各自的特色也得到更好地发挥。

（四）织体特征

《花钟》多变的织体无疑是全曲另一大亮点，既将各段落划分清晰，又烘托出所需氛围。《花钟》诞生于20世纪60年代，这时期也是新浪漫主义崛起的时代，许多作曲家开始回归调性音乐，将浪漫主义与现代主义相结合，音乐的情感表达作用重新被重视。诚然，让·弗朗赛及《花钟》都不完全属于这一范畴，但该作品在织体方面展现的多样性特征还是非常鲜明。

这部作品将弦乐组的织体作用做了多种尝试，既有抒情段落的长线条织体，也有跳动的点状织体，而所有内容都是根据情境需要来创作的。

最后一段《二十一时，麦瓶草》是全曲织体最复杂的部分，其织体变化由简到繁，从开始时只用弦乐拨奏主和弦音，逐渐演变为乐队齐奏，并发展为弦乐各声部重复八度进行，通过多声部织体强化主题。从34小节开始，弦乐组又使用了大量离调和弦增加音乐的紧张度直到54小节，音乐渐而回到主调，并再次深化主题，此处的织体运用更像中晚期浪漫主义作曲家的写作风格。

《花钟》作为一部20世纪的作品，它的“反潮流”特征显而易见，音乐中强烈的情感表达让人印象深刻，调性音乐的优势值得许多音乐人思考；作为一部协奏曲，主奏乐器与伴奏乐器之间相辅相成，尤其各声部的力度对比非常精确，作为双簧管演奏者也是不小的挑战；作为一部法国音乐作品，全曲满满的浪漫与深情是对法国艺术最好的诠释。

三、音乐内容与演奏技术

（一）《三时，日香木》（3 *heures Galant de Jour*）

1.作品主题描绘

第一乐章《三时，日香木》（3 *heures Galant de Jour*，法文直译：3点，美好的一天）。凌晨三点这个时间，一般来说都还属于夜深人静的时刻，此时为一种静止、平静的氛围，因此弗朗赛运用了很多类似的节奏与音型，一步一步的往前铺陈，想要利用这样的旋律来营造出像凌晨三点时那样的情景。

2.作品结构分析

第一首《三时，日香木》是一个非常简短的乐章，总共才46个小节，整首乐曲的速度就像是标题所注明的清晨三点一般，非常的从容与轻松。乐曲结构可分为前奏、乐句及Coda几个部分，而本乐曲的中心调是F大调，但乐句二及乐句三增加了很多的升降记号，笔者发现作曲者在这里用了调式音阶中的米索利第安调式（Mixolydian）、艾奥尼安调式（Ionian）及A利第安调式。乐曲分句与调性如表1所示：

表1

段落	小节数	调性 / 调式
前奏	1—8	F
乐句一	8—16	F
乐句二	17—22	F / Mixolydian
间奏	22—26	
乐句三	27—33	B→A→Ab→Gb→F
乐句四	34—39	F
Coda	40—46	F

3.演奏技术重点分析与气息运用

第一首曲子在手指技术上没有太难的地方，重点是气息方面的运用。众所周知，双簧管是演奏越慢越难吹奏的乐器，第一首乐曲通常在60左右的速度下演奏，这么慢的速度会给旋律的连接造成很大困难。笔者看过一些关于第一首旋律处理的论文，大部分都会在乐句末时建议减弱，而本人却持有相反的看法，会建议演奏者在乐句做渐强以便乐句更好的连接。比如：第10小节的低音C，个人认为这个音是承接后面第四拍的，演奏者在做渐强时需要用横膈膜肌肉用力的挤压腹部的空气，使气速更快气压更大，这样可以使哨片更快地振动，防止因为要做减弱而使哨片停止振动，也就是通常我们所讲的卡壳。怎样才能使用好横膈膜肌肉是摆在所有双簧管演奏者面前的一大难题，因为人们通常都习惯用嘴吹空气而很少使用横膈膜肌肉来压迫腹部推动空气，所以当演奏者希望使用横膈膜时却发现根本感受不到这块肌肉。

通过这些年的教学和自己平时的练习，本人总结了几个方法，希望能给演奏者有所帮助。

第一，背靠墙，头部和臀部还有脚跟都要紧贴墙面，身体呈马步形状，然后深呼吸吹长音。

第二，身体直立然后把身体折成90度，深呼吸用力吹长音。

通过这两种方法，演奏者可以明确地感受到横膈膜肌的位置，方便控制其用力压迫空气，横膈膜本身就是一块肌肉，平时呈半月形，用这两种方法可以在呼吸之前就把它拉成直线形状，使其处于用力和紧张的状态，从而让演奏者在呼吸前感受到它的明确位置，以方便呼吸和用力。还有，既然是肌肉就需要足够的练习时间才能锻炼出足够的力量来压迫空气，所以演奏者还需要坚持长时间的练习。

另外还应该注意到的是，在第一乐章的最后有一个六拍的长音F，大多数演奏者为了更好地演奏效果会把F升高一个八度演奏，这大大提高了演奏的难度。在演奏这个F时需要逐渐的减弱，这个过程当中如何保持音准成为演奏需要解决的一大难点，通常演奏者会在减弱时用嘴压迫哨片使哨片口越来越小以减小音量，但这样做有个明显的缺点就是压迫哨片会抑制哨片的振动，容易卡壳和音准越来越高。笔者认为，正确的演奏方式是：横膈膜用力压迫空气，但身体控制气速随着音越来越弱气压却越来越大，这样气速慢音量会减弱，但随着气压的增大音准却能很好地维持住。这样既可以做出一个很高质量的渐弱，又可以保持好音准和音色。

（二）《五时，蓝爱神菊》（5 *heures Cupidone Bleue*）

1.作品主题描绘

第二乐章《五时，蓝爱神菊》（5 *heures Cupidone Bleue*，法文直译：5点，蓝色丘比特）。蓝爱神菊属于二月的花，cupid的字义为爱神丘比特，在古希腊、古罗马，此花被拿来当作表达爱意的花。五时，巴黎即将迎来第一道曙光前的雀跃。

2.作品结构分析

这首的曲式为轮旋曲式（Rondo Form），由A B A′C A′所组成，拍号为五拍子，以下为笔者将曲式结构呈现如表2所示：

表2

段落名称	小节数	调性
前奏	47 — 56	F-dm
A	a 57 — 62 a′63 — 66 a″67 — 70	A
B	b 71 — 74 b+c 75 — 81	C ^{b}E
A′	a 82 — 85 a″86 — 89	A
C	d 90 — 93 d′94 — 99	^{b}D F-bm
transition 过门	100 — 103	B-^{b}B
A′	A′104 — 118	A
尾奏119 — 124 A	119 — 124	A

3.演奏技术重点分析与气息运用

第二乐章是一个充满欢快和跳跃的旋律，大量使用了装饰音和吐音。在演奏这段旋律的时候，首要的问题就是如何演奏出带余音的吐音，每个吐音仿佛在敲打小军鼓一般富有弹力。

有一部分演奏者认为，舌头用力的撞向哨片就会吹出带弹力的吐音，而事实上这样演奏出来的吐音不仅没有弹力，听上去又重又死板，让旋律失去光彩。笔者认为，要想吹奏出有弹力的吐音得清楚地认识到舌头撞击哨片是一种打断哨片震动的行为，舌头撞上哨片以后使哨片的震动频率在一瞬间变慢或者停止，那么使哨片震动频率变慢这种方式吹奏出来的吐音是有弹性并且带有余音的吐音，而使哨片完全停止震动演奏出来的吐音就是没有弹性死气沉沉的吐音，怎样才能做到用舌头撞击哨片而哨片只是减缓振动频率呢?

首先，舌头的撞击力度要尽可能地轻，想要轻就得让舌头和哨片之间的距离靠近。所以，笔者建议在吹奏吐音的时候舌头要主动的伸到哨片附近放在嘴的下颚上，吐音时只需轻轻抬起舌头就可以触碰到哨片即可。

第二，吐音时要用更多的气来弥补舌头触碰到哨片时对哨片震动产生的影响，这样即使不小心舌头触碰力度没有掌握到位，更多的气也可以帮助哨片保持微弱的震动。

第三，就是这个乐章中有很多的吐音上有一个三角形的重音符号，演奏有三角符号的重音时需要额外的气压，想要做到这一点需要在吹气的同时在嘴里再增加一定的气压，有点类似于平常吐痰的动作，这样演奏出的重音又明显而且还有弹性。

在这段乐章中有一段连续的高低音转换旋律写得很精彩，作曲家的这种写作手法带来一种新鲜的感受。想要演奏好这段旋律演奏者需要保持好哨片口的形状，通常演奏者在吹奏高音时因体内气压不足，会用嘴唇用力挤压哨片口使其变小从而减少对气压的需求，这时突然转换到低音就会卡住。因为，低音需要一个较大的哨片口和充足的气流。所以，在演奏这段高低音交替的旋律时就需要保持哨片口大小不变，但需要保持强大的气压来满足高低音频繁交替。

（三）《十时，昙花》（10 *heures Cierge a grandes fleu*）

1.作品主题描绘

第三乐章《十时，昙花》（10 *heures Cierge a grandes fleu*，法文直译：10点，蜡烛花）。刹那间的美丽，一瞬间的永恒。这是一段非常优美的旋律，上午十点是法国一天当中最清新和放松的时刻，作曲家使用了缓慢的节奏来表达这样的感情。

2.作品结构分析

此首的曲式结构为D大调的一段式，分为A A′B，以下为笔者将曲式结构呈现如表3所示：

表3

段落名称	小节数
前奏	125—126
A	127—130

续表

段落名称	小节数
A′	131—134
B	135—139

3.演奏技术重点分析与气息运用

此段乐曲的演奏难点为节拍，速度大约为42，旋律连绵而悠长。这对双簧管演奏者提出了巨大的挑战，在这么慢速而长时间的吹奏中演奏者体内的空气得不到补充，并最终导致演奏者心跳加快而疲劳，无法持续地演奏下去。这个时候就需要掌握循环呼吸来帮助吹奏这段漫长的旋律。循环呼吸技巧是指在吹奏的同时用鼻子迅速地吸入空气的呼吸技巧。使用循环呼吸，通常所遇到的问题就是用鼻孔吸气的时候用两腮挤压空气产生音量的变化。怎样才能避免在循环呼吸时出现音量变化是循环呼吸的关键。笔者认为，出现音量变化的最主要的原因是口腔在挤压空气时嘴唇的压力发生了变化，这是因为口腔在挤压空气时，空气的位置过于靠近嘴唇使嘴唇受到了气压的影响所致。在口腔挤压空气时需要尽力使挤压的位置靠近口腔的后部，整个呼吸过程要尽可能地快，越慢嘴唇所受到的影响越大，所以这样对嘴唇的压力可以降到最低，保持音量的平稳。另外，舌头位置在循环呼吸也可以帮助加速鼻子吸气的速度，在口腔挤压空气的同时舌尖向口腔上颚移动，这样的肌肉动作会加速鼻子呼吸的速度，而且可以帮助口腔在靠后的位置挤压空气。

巴松中国民族风格作品演奏探索
——以《随想曲》为例

冯继铖（西安音乐学院）

众所周知，巴松（BASSOON）是一件从欧洲传入中国的外来乐器。世界上每一个国家，每一件民族乐器都是民族文化发展的产物。该乐器经历了漫长的进化过程，由最初不多的几个自然音列音孔，被打造成一件以十二平均律律学原理为核心，具有三个半八度的现代乐器。在巴松的教材和演奏技巧方面，通过长期的艺术实践，形成包括音阶，及大量的练习曲和乐曲等一整套完整的体系，完全适应了演奏欧洲调式音乐的需求。

巴松从欧洲传入中国百余年来，已被国人所接纳和喜爱。在交响乐、室内乐、独奏，歌剧、芭蕾，甚至于民族歌剧、舞剧音乐中广泛使用，已经融入中国的主流音乐文化之中。

巴松乐器存在两种流派：德式和法式，但是绝大多数国家和巴松演奏者选用德式巴松。为了满足对高级巴松演奏人才的需求，世界各国的音乐院校以及各种培训中心的专家教授们，通过长期的教学积累和艺术实践，建立了一套完整的巴松学派和体系。这个学派和体系包括专家、教授、优秀的巴松演奏家，及其大量的音阶练习曲、乐曲以及丰硕的理论书籍等。

大量的作曲家为巴松写了《协奏曲》《奏鸣曲》及独奏作品，将巴松作为一件独奏乐器在演奏技巧和音乐表现力方面提高到了一个新的高度。

具有几千年文明史的中华民族，有着历史悠久、内涵丰富的音乐文化。在这源远流长的历史长河中形成了自己独特的音乐思维、艺术趣味、发展轨迹和独特的音乐文化。历朝历代的文人对中国传统音乐的乐学、律学、美学和宫调理论等做过大量研究和论述，给我们留下了宝贵的遗产。

尽管中国传统乐理和西方乐理都采用十二律，但是由于声律方法的不同，会产生不同的十二律，形成不同的律高关系，不同律制的区别主要在于略大的半音、略小的半音、完全相等的半音。中华大地幅员辽阔，民族众多，世世代代生活在不同的山川地理，形成了具有鲜明的地域文化特色，有着不同的风格特点、音律关系和音准倾向。表现为音律的灵活性、微音分的不确定性和游移性。

中华民族在对待外来文化历来具有海纳百川、兼容并蓄的优良传统和悠久历史。巴松传入中国已有百余年，并已经融入中国的主流音乐文化之中。但是，面对以五声为骨干音的中国民族调式音乐作品，除了中西两种音乐文化之间的差异外，在演奏过程中包括指法的排列和音律倾向等，总显得不那么顺畅和得心应手。克服这个难题的唯一办法就是按照以五声为骨干音的中国民族音乐调式，进行包括音阶、练习曲和乐曲等在内的系统的训练，形成一整套完整地中国传统音乐教学体系。

2017年刘根祥、冯继铖、刘可以中国古代唐王朝和唐长安城为文化背景，选用唐朝诗人李白、王维、白居易等诗律为素材，出版了《巴松大唐诗意漫游随想曲十二首》，以及2010年出版的结合我国民族音乐音律关系，采用“宫、商、角、徵、羽”五声调式的一本《巴松——中国传统音乐音阶及练习曲》（冯继铖、刘根祥创作，陕西出版集团太白文艺出版社）。以弘扬我国传统文化，充实和丰富巴松专业的教学内容。正是为此而努力作以尝试和铺垫。

对于巴松，虽然我们在教学、演奏和介绍欧洲音乐方面以及在创作和编写教材等方面已经取得了一定的成绩。但距离形成一整套适应演奏中国的音乐作品，建立完整的中国巴松学派和体系还需要一段漫长的路要走，这需要诸位同人的共同努力。

《随想曲》是努力将音乐和文学两种姊妹艺术进行完美结合的尝试。是用巴松的音乐语言对产生于一千多年前的珍贵的文化遗产“唐诗”进行诠释，将使我们感受到无可替代的音乐艺术以及巴松这件独特、音域宽广、富有表现力的乐器魅力，领略被誉为中国古今五、七言律诗顶峰的“唐诗”风采。

下面就《随想曲》的相关内容作以简略介绍。

一、《随想曲》是采用中国传统音乐民族调式创作而成

中国是具有五千年文明史的泱泱大国，我们有本民族辉煌灿烂的历史传承。历史上，我们的前人曾走在世界的最前列，包括音乐文化在内的中国传统文化曾为世界历史文明的发展作出巨大贡献。

中国明朝著名的数学家、律学家朱载堉（1536 — 1611）在中国传统律学的基础上依据“同律度量衡”学说，创建和发明了“新法密律”，也就是十二平均律的基本理论。朱载堉的这一发明比欧洲人早了数十年。后经欧洲传教士带回欧洲，对欧洲的乐器制造业，对欧洲文艺复兴时期以十二平均律为核心的调式音乐理论的形成和发展起到了一定的促进作用。

中国古代传统音乐的发展自周朝始，盛唐时已具相当规模。以五声为

骨干音的七声音阶的应用，以及“雅乐音阶”“清商音阶”“新音阶”，和宫、商、角、徵、羽五种调式的广泛应用和历史存在，已经是不争的事实，并已达到共识。

中国古代传统音乐的发展曾出现断代，但古代传统音乐的遗存始终存在于民间音乐之中。在近代音乐史中，中国音乐学界和音乐考古学领域的研究取得一些具有参考性价值的成果。尽管在学术领域对有些问题的看法还存在一些争议，而且将会长期争论下去，但是社会在发展，中国民族音乐也需要紧跟时代向前发展。这些学术方面的争论应本着求同存异的主导思想，不应该影响，也丝毫未能影响中国音乐家们运用中国传统音乐民族调式进行大量的创作活动。

二、《随想曲》是继承传统与借鉴外来音乐理论相结合的产物

在《随想曲》的创作过程中，在运用中国传统音乐民族调式的同时，还大量采用了中国传统音乐的曲式结构、旋法以及表现手法等。同时也借鉴了一些欧洲调式音乐理论中的曲式结构和创作技法。尤其在如何充分发挥和展示巴松的性能和特长上，借鉴了许多欧洲音乐的表现手法。

三、《随想曲》以特意选择和节选的十一首唐诗为背景创作而成

在中国古代文化遗产和文学领域关于诗词一节最优秀，其中最具生命力的当数唐诗。

《随想曲》选用唐朝具有代表性的浪漫主义诗人李白、继承和发扬了现实主义诗人杜甫诗词风格的代表人物白居易，以及王维、苏味道、孟郊、崔护、常建等七位诗人的八首律诗、三首乐府。

唐诗内涵丰富，体裁多样，描写的内容是唐朝社会的真实写照。《随想曲》选用的体裁有叙事诗、抒情诗、送别诗、边塞战争诗、田园山水诗、闺怨诗、讽喻诗等。

《随想曲》是巴松独奏与唐诗的一次成功的结合，是用音乐，用器乐独奏这种形式对唐诗进行的一次阐释。因此我们将会通过自己演奏，或者欣赏《随想曲》领略到唐诗的风采。

四、《随想曲》不仅是人们演奏和聆听的一部作品，还具有较高的欣赏价值和学术研究价值

《随想曲》是以历史记载的事实为依据，是在查阅和学习了许多历史文献，以及相关论述，掌握了较为翔实的有关知识的基础上进行创作的。虽然不敢说做到了百分之百的努力，起码可以说是以严谨的学术态度来进行创作的。同时，在对待历史文献，以及相关论述所反映的观点的取舍方面，并未完全照搬，而是有所选择，并且通过创作作品来反映作者自己的观点。因此，通过演奏或者欣赏《随想曲》，必将获得更多的关于中国传统音乐的相关知识和历史知识。举其中一首乐曲作以简单介绍。

《乌夜啼》是乐府旧题，内容多描写男女离别之苦。李白《乌夜啼》的主题与其相类似，是一首描写征夫怨妇的律诗。唐时，秦川大批男子被征召戍边，少则数年，多则数十年，或一去不归，尸骨无还，留下孤儿寡母苦苦度日。诗中秦川一词，是指陕西关中八百里秦川，以秦王朝曾在此

建都而得名。

乐曲开头16小节引子，营造了一种残阳西斜，炊烟袅袅，农舍、树木拖着长长的身影，远处不时传来耕牛、驴子的叫声，以及外出觅食的归鸦，站在树枝上放肆地呱呱鼓噪声，更令人平添一份惆怅与烦恼的氛围（谱例1）。

谱例1：

17小节慢板描写秦川女与来人隔窗而语，苦诉衷肠（谱例2）。

谱例2：

中段45—60小节快板，是对昔日夫妻美好生活的回忆（谱例3）。

谱例3：

69—72小节散板（cadenza），是描写秦川女最后发出的低声叹息，喃喃自语，一筹莫展的凄凉情景（谱例4）。

谱例4：

在这样解读作品的基础上，我们演奏中的音准问题，音程与旋律线条的倾向问题，以及情感的表达、音乐语言中的语感、气息等方面，就必然易于表达出中国民族风格特别的“味道”。

当然，巴松表现民族音乐风格，这里还仅限于理性思考的抽象阐述，以至于气息、音准、节奏、抑、扬、顿、挫、音律特点等具体问题只能在教学和演奏研究与实践中具体去探索。

论双簧管演奏艺术

朴长天（中央民族大学音乐学院）

“双簧管”这一名称来源于法语houtbois一词，是“很高的树”的意思。可能由于音域居于高音区而得名吧！当时由于还没有单簧管等乐器，有时军乐队从高音到低音使用了各种大小不一的双簧类乐器，所以低音双簧管随着巴松管的出现而消失。高音域的双簧管则由于过分尖锐刺耳也渐渐淘汰。

目前主要使用的是双簧管（Oboe）和英国管，另外有双簧管达莫尔（中音Oboe），这种乐器在演奏巴赫的康塔塔时使用。古双簧管的名称根据史学家的见解，在Cambert（康波尔特）的歌剧*Pomana*（《波麦纳》）里第一次出现，原始型双簧管在人类文明诞生之前就已问世，比如“谷物号”（Pipe Of green Corn）、“燕麦管”（Oaten Pipe）等，过去有人把罗马人的古笛（Tibia）、近东牧人使用的佐马拉（Zummara）和古代威尔斯流行的角管（Horn Pipe）也称原始簧片乐器。古埃及的赛比（Sebi）、古希腊的奥罗斯（Aulos）、中国的胡笳和筚篥、日本的木管乐器希齐里吉（Hichiriki）、中东的唢呐（Surna）等，都是簧片与管身不再连为一体的簧管乐器。有人称13世纪的Bomborde是老式双簧管。17世纪中叶法国将较小的肖姆作改进后命名为Hautbois —— 双簧管从此真正问世。

从此，其分为三段的管身上出现了一两个键子将音域伸展成C^1音，喇叭口上开了两个孔，由于这些特点，以至于到了18世纪初双簧管在欧洲音乐中便成为受人青睐的乐器。1800年开始有许多乐器制作人和演奏者对这个使用不便的圆锥体管的运指、音程和音色的改良上做了很多努力并取得了一定效果。在法国巴黎音乐学院的教授和特比特（Triebert）乐器制作商的改革下，1881年在同一音乐学院正式确定了肯谢鲁巴特鸟型（コンセルウ゛アトワル），目前各国普遍使用这种双簧管。另外，在奥地利维也纳有独特型双簧管。这种型号是按维也纳国立音乐学院的班得拉（wunderer）教授的要求制作的，是与法国式双簧管相对不一样的产品，只有奥地利人使用。音色有独特风味。17世纪末，双簧管成为乐队固定成员。贝多芬、威柏尔、舒曼等专为双簧管写过曲，双簧管与长笛和其他木管乐器一样逐渐由增加键子来形成半音。1880年劳莱（Loree）根据乔治瑞耶的建议所制造的乐器，接受了波姆（Bohm）体系，使双簧管达到比较完善的程度。双簧管模仿了长笛的音孔排列，所以双簧管的构造指法很像长笛。

一、构造

双簧管的管身大多用乌木和红木制成。它的圆锥形管身是由上、中、下三节插接而成。上节音程是从$\overset{:}{G}$、$\overset{:}{A}$音向上直到泛音区。中节音程是从$\overset{:}{G^{\#}}\overset{:}{F}$以下音程至低音$^{b}B$。而下节喇叭部分是筒音低音区的$^{b}B$音。双簧管整个内径的尺寸、内径的锥度决定气流变化，上中节基本上是直锥，到下节变成曲线有弧度。而下节喇叭口的弧度作用是把声音放开，而且管身有24个音孔，并配有许多键子，双簧管能发出34—35个音，乐器主要发音要靠上节顶端插有专供发音的哨片。双簧管有六个基本音孔，音孔眼和壁厚的比例决定音准，可发出d^1、e^1、$^{\#}f^1$、g^1、a^1、b^1的基本音列。基本音孔备有盖键或环形键。此外，双簧管还有4个补充键，发最低有四个音，c^1、$^{\#}c^1$、b^1、$^{\flat}b^1$。除基本音键与补充键以外，还备有变化音键，供奏许多变化音之用。通常以突出的手指按之，而且还备有许多颤音键。双簧管属“色彩”乐器，在乐队中常担任独奏，相当于合唱中的女高音，适合表现田园风光和欢快情绪。作为木管乐器，它也属于八度分音乐器。演奏者通常用嘴唇含着哨片，吹出所需要的气流，从而使嘴唇连同哨片形成一个“振动器”。这个“振动器”通过管道呈圆锥形，使双簧管奏出美妙的声音。在乐队中，双簧管常担任独奏，但它不适宜演奏复杂且技巧性很强的乐曲。音域是由$^{\flat}B$–G^3，2个八度和1个六度音程中的全部半音。

二、演奏姿势

学习演奏双簧管必须掌握正确的演奏姿势，包括身体姿势和手的姿势。基本演奏姿势应是双脚略分开，大致与肩宽相等，管的位置和身体成45度，全身重量由两腿平均负担，两肩放松，不能紧张，自然下垂。一般检验正确姿势，以保持演奏员运指方便，乐器稳定，身躯放松，呼吸自然为准。演奏姿势有站立式和坐式两种。初学者应以站立式为宜，而坐式常为合奏时采用，独奏时通常采用站立式。

站立式演奏能够调动全部呼吸肌，使演奏者能利用好气息，自如地演奏。通常管乐器的演奏姿势是立式，而且立式演奏姿势能使身体重心在一定范围内适当摆动。坐式是合奏时常常采用的方式，要求上身自然坐稳，双目平视谱架，仰头、双膝分开，一般不靠椅背为好。手指按键要自然弯曲，形成弧形，而且要放松，既不能过于弯曲，也不能过于伸直，犹如握鸡蛋时的状态，松紧适宜。只有正确的手指弯曲才能形成正确的触键，正确的触键位置应该在手指肚和指尖之间。一般说：指肚触键为最适宜。由于手指弯曲成弧形，所以手指触键时，稍靠指尖也是可以的。这也可以避免由于指肚按键时，容易造成手指过分伸直的毛病。正确按指键要求手指自然弯曲，手指放松，按严音孔不漏气为标准。

三、口型

演奏双簧管口型采用“双包”方法，即指吹奏时演奏者的唇、齿、舌、及口腔含哨片的形状。正确口型要求上下牙齿分开，两唇以牙齿为垫包住牙齿，下巴拉平，哨片置于两唇之间，含哨力度适当，嘴唇要保持一定的弹性，为使哨片振动。哨子较硬时弹力大，缝口也较大，哨的紧张程度就大些。哨子软，缝口小时，嘴唇自然就应该松弛些。牙齿起的作用是衬垫，不能咬哨子，否则会影响振动。当然更要防止把嘴唇黏膜咬破。有时，下唇往里包得太多，上唇包得太少，甚至不包，就会使上唇处于无力状态，因而也导致咬哨子，这样就影响音准和音质。当嘴唇过紧时，对哨子压力大，哨口就变小，音程的关系就起变化。音准会偏高些，声音发死，音质就差。反之，嘴唇力量过于松弛，哨口也较大，音就偏低，音程就不稳。因此，口型控制的适合度，要以避免高音发尖，低音发散为宜。常见初学双簧管者，由于嘴唇无力，不会控制哨子，找不到适合自己口型的适当缝口，而使演奏时发出的声音偏低、偏垮。为了克服这个问题，他们就试着拉紧嘴唇，加大压力，当这种力量过大时，就会咬哨子，声音也就偏高，就失去了正常的音程关系。严格地讲，在演奏低、中、高音区时，嘴唇控制的松紧度是不同的。每一个音都有它一定的松紧度，所以嘴唇控制哨片直接影响着发音和音质，而最适度的口型就是以“双包”为准，即上下唇都要包住牙齿。首先，把哨片的哨尖放在上下唇之间，然后上下牙床可以适当分开的同时，双唇同时向内卷入，而哨子也随着适度进入口内。这时，要注意上唇与下唇之间的相对位置，不要有错动，而且双唇向内卷入的同时上下唇的肌肉收紧些。当然也要保持一定的嘴唇之间的弹性，这时，从外表看来，红唇部分要完全包进去就可以了。当然，下齿肌肉在紧贴牙床的同时有向下拉的动作，这时外表看起来也很美，从而形成“O”形口型。正确口型要求红唇全部包进去，包得好，唇的力量就很强，演奏时耐力就增强。反之，包得太少时，演奏者吹奏气息大时抵抗力差，口型容易包不住，就无法演奏下去，而且演奏就无耐力可谈。当然，双唇包进去之后，相对的含哨不要太多。如果含得过多，在吐音时，舌头就无法放松和快速地、舒展地演奏断音。因此，千万注意不要含哨过多。

当然，目前双簧管学者认为正确的口型是以红嘴唇包进去为准，以绳子肌为界限。可也有人认为下唇的红嘴唇不能露出来，而上唇稍露就可以了。如果，嘴唇起控制音色、音高的功能，那么力度强弱变化就不能靠嘴唇的松紧度来达到。嘴唇的位置和上下唇的收缩力及含哨子的深浅，只是起调节音高、音色变化的作用。力度变化主要由气息造成，嘴的松紧只起帮助作用，而不是起主要作用。

由于乐器制造方面的因素，乐器没有绝对的音准和音高，音准要靠嘴唇来调整，哨子有固定长度，有其固有的频率，它又受嘴唇气流与压力的影响，嘴唇过于松弛就造成音的低落，过于紧张收紧就造成声音升高，音高的变化也使人感到音质的变化，所以口型的控制力的适度及稳定是很重要的。

每个人的生理条件不一样，嘴唇有厚薄，上下唇也各有厚薄，牙齿长短不一，有整齐不整齐之区别，因此哨子含多少、嘴唇包多少、上下唇各包多少就要因人而异，但是大体也有一个准则范围。每一个演奏者要找出最适度的位置，含哨过少，不能使振动部分全振动，振幅小，音量弱，音质薄而散，高音窄，尖锐而紧，低音发死不实，不松弛，有时甚至发不出音。反之，含哨过多（常见初学者），音质就偏硬，还常常会给音量控制及吐音带来困难。所以含哨子最好不要超过振动部分。

四、气息

双簧管是吹奏乐器，气息是动力。气息引起哨子振动并形成气柱，从而振动管壁。吹奏乐器以气息为动力，犹如弓弦乐器以运弓为动力一样，是音乐表现的重要手段。

双簧管通常与别的管乐器一样采用胸腹式呼吸法。这种呼吸法可以全面调动呼吸器官的能动作用，也使气息的容量加大，便于控制气息，使呼吸均匀。吸气时须口鼻同时进行。而且吸气时胸部基本要保持不动，但不能紧张，双肩要放松，不能有耸肩和挺胸的动作。当吸气时腹部的肌肉放松而且腹部向外扩张。横膈膜下降，特别要感觉到腰部四周围有膨胀感。呼气时慢慢呼气，但是腹肌要有一定的紧张度来稳住气流，让它均匀呼出，不能有丝毫的颤动。由于双簧管乐器是使用哨片的簧管乐器，而且哨子缝口又小，随着吹奏句的长短吸气时要适量，不能吸得太满、太多，以免憋气后的疲劳过度，带来紧张感。为了掌握好气息，舌头和气的配合作用也不能忽视。舌头主要起控制气流的“阀门”作用。舌头贴住哨口，当气吹出之前及时离开哨口，使气迸发出来，并形成音头（起奏）。

气流速度快或慢造成音量幅度的变化，但不能改变振动频率，也就是不能调节音高。气流速度快，振动幅度就大，音量就强。气流速度慢，振动幅度就小，音量就弱。渐强和渐弱就是逐渐增减气流速度的结果，如果嘴唇不变（相对而言），气流速度放慢逐渐停止，音就渐弱消失。如果口型变了就会影响音高，使音不稳定。

气流还有实体充实不充实的问题，即气柱的密度。如果气流形成的气柱密度不充实，声音黯淡无神，奏出的乐句会有渐弱的趋势，看起来是力度的变化而实际上是气柱的宽窄保持了，但是没有保持住气柱的充实（也就是密度减下来了）。有时乐句就不太连贯，不充实了，而且往往造成每一个音渐弱的趋势。这是气柱的密度不充实的关系。断音，Tenuto的时值变化也要靠气息来控制，而不是靠嘴唇或用舌头堵。断音是靠气来控制，而舌头只是起打开气门的单一作用，收音时迅速收气，这个动作要快。连续反复的动作形成连续断音。

颤音也是气息的范畴，颤音是表现音乐的重要手段之一，给音以活力和润色，用好颤音将会使声音增色。颤音有两种方法：一种是使音频高低交替出现而形成颤音，另一种是用音量强弱交替变化演奏颤音。双簧管是用气流速度缓急交替以达到音量强弱交替变化而形成颤音。也有人用嘴唇的松紧来达到颤音而不是用气控制，但是这种颤音法不如用气来控制的颤音那么柔美自如。

用控制气流产生颤音也有许多不同的颤法。（1）颤音交替的间隔宽广些、慢一些，强弱明显些、大些。捷克的演奏家使用这种颤音法较为普遍，这也是他们的传统风格，这种是颤音偏宽大的一种。（2）比较密集的颤音，交替较快、过快的颤音，小颤音当然就不够自然，也就不好听了。颤音应该吹奏得平均些、自然些，像人们歌唱，颤音随着音乐性质而变化，用得得当对声音更增色，音乐表现就更加优美了。

五、音准

双簧管在交响乐队中被认为是固定音高的乐器，所以通常是一支“音准”乐器，因此乐队定音时标准音也由双簧管的A音来定音。

作为一名双簧管演奏者在交响乐队中的担子是比较重的。其实双簧管并不是固定音高的乐器，其音高有一定的摆动性。由于空气柱的振动频率会受到温度影响，哨片的长短和振动部的长短又紧密相联，又受唇与气流的压力大小的影响，所以音高也会有一定的摆动和变化。哨子的长短与普高、音准亦有密切关系。所以演奏员如果在乐队中想保持一定的音准，就必须在吹奏之前将乐器拿起，在不用哨片的条件下，口对准乐器往管里吹气，这样能使乐器“预热”然后再使用哨片吹奏标准音，这样稳定性好。制哨口型、气息方面要标准化，而且要适应气温的变化。现在国际上通常的标准音，是振动频率为每秒440次的“A”音。有些乐团略高一些，为443次左右。目前，我国演奏员中有些人奏出的A音比国际标准音A音略高些，为了解决这个问题，有些人采用“拨哨子”或制作一些大于45-48毫米的哨座来作哨，或加长苇片部分等等。实际上，以上办法解决不了音准的根本问题，一般应主张解决用气和口型控制音高——音程的问题是最切合实际的。总之，在交响乐队中演奏双簧管是比较困难的，强调这一点是为了让双簧管演奏员对这一乐器的演奏的特殊困难引起足够的重视。要使演奏者奏出发音柔和，富有表情和优雅的音色，就需要演奏者在演奏中掌握控制嘴唇、控制哨片、控制气息等等。

六、簧片（哨片）

演奏双簧管的人都深深体会到哨子的重要性，不同的国家在哨子的制作上有不同的方法。甚至每个演奏员对哨子的制作也各异。

哨子就犹如乐器的灵魂，既精致又敏感，所以要注意以下几点：（1）哨子必须与乐器配套。双簧管有德国式、法国式，它们哨子的制作应适应于各自乐器的要求。（2）演奏者制作哨子要按照适应自己的音色感觉来调整哨片。（3）由于哨子是用苇片制作的，所以它时常起变化，有时明显地影响音色。因此需要不断观察、试奏后加以调整。

制作哨片要选用直径为9—11毫米的苇片。外表要求平滑、明亮有光泽，黄褐色为最佳。硬度质量的检验可用手指甲按一下苇片外表，如没有明显痕迹，说明此苇片可选用。还应注意选择苇片的纤维密度。每个人演奏的哨片硬软度不同，使得选择苇片的硬软度也不同。首先把苇管劈成均等的三片，浸泡水中20分钟左右，拿出其中一片从一顶端用口吹，如果吹出的水泡很多，说明苇片密度太松软，质量差。反之，吹出的水泡极少，或难以吹出气，说明密度好。选好苇片后，把一片放在刨苇片的槽里，用弧形刨刀把苇片内壁刨薄，苇片的厚薄度按每个人自己使用的哨片的软硬度及习惯来决定。一般苇片刨好后，中间厚度是0.5—0.6毫米，两侧则稍薄一些，厚度为0.3—0.4毫米，刨好苇片后，用锉在苇片总长度的中间部位横锉一条印痕，目的是将它折过来，注意不能锉断。然后将折好的苇片放在模型上，削成哨坯，宽窄度要根据自己的习惯来加工，然后用烫在酒精灯上烤热后（不宜过烫），立即插入哨坯中间，用铜丝在底部缠紧，使哨坯完全按照烫的型合拢，呈椭圆型。烫后立即取下，把烫好的哨坯插到哨座头的圆口上，用尼龙丝线缠紧，这样半成品的哨片完成了。再用哨片刀削去苇片的表皮，主要把发音口削薄后，把苇片的发音口切开。切掉哨口的1—2毫米，而后用舌头（指修哨舌头），插入发音口内，开始削哨。从发音口向后移削到10毫米左右，要修成椭圆形的振动部，而后顺弧线朝哨口方向逐渐削薄，注意哨子的中央要留厚些，留出一条主心骨。发音部即哨口部分一定要修到薄的振动发音容易为准。哨子的全长为71—73毫米，哨座长度为45—48毫米，哨坯长度从缠线处至哨口为25毫米，哨口宽一般为7毫米。哨子的长短厚薄要与乐器配套，也要根据个人的习惯来掌握制作。

双簧管有法国式、德国式。它们的哨子要适应乐器的要求。适应德国乐器的哨子的标准有一定数据。哨座是46—47毫米，哨坯25毫米，振动部10—10.5毫米，发音部0.6—0.8毫米。而法国哨子哨座46—48毫米，哨坯25—26毫米，振动部10—12毫米，发音部0.5—1毫米。乐器的结构长度、管内的内径尺寸、求得音准的音程关系，哨子也要与之相配。目前，传统的哨片以欧洲的法、德为代表，柔和、甘美。随着人们对音乐音色有新的要求，近代有些人大胆创新和改革，在这方面比较有代表性的是美国。20世纪初，一位美籍法国人麻瑟苔忒脱，他是双簧管演奏家、教育家。他想区别于欧洲传统双簧管音色，大胆地在哨片的制作上创新。其区别主要是振动部分。美国哨子振动部分约为20毫米，与欧洲哨子的主要区别是美国式哨子不烫哨坯的肚子，所以较扁。最大的区别是振动部分延长了，并且振动部的两肋刮得很薄，形成中间和两边三条厚的线。此外，最大的一个特点是在振动部前端，造成很厚的一条突起的地方，并且发音部较长、较薄。这一改革使音色宽厚，故有其独特之处。现美国、加拿大等国人，喜欢这种音色。它区别于欧洲传统音色，有种金属音质。

哨子制作还要注意以下问题：按传统哨子标准，如果哨子振动部分发音部过多，音质就容易出现一些杂音，声音不集中，不干净。而发音部较窄，就容易出泛音，不好控制声音。如果把发音部分和振动部分削得一样厚，以为这样能造成较厚的音质，这是错误的。因为发音部顾名思义声音是由此发生的，然后带动整个哨片。哨子的发音部过厚，本身不好发音、发音迟顿，或整个哨片振动不起来，乐器就振动不起来。因此发音部位要薄，这是任何哨子必须遵循的。相反，发音部过分薄了，也会产生音质上的杂音，所以厚薄要适度。发音部分不够薄时不利因素会更多。发音没把握、迟钝，低音区也不够圆润。振动乐器主要靠振动时的振动原理，振动部是产生好的音质的重要组成部分。哨子制作要重视振动部留有一个椭圆形的中间部分，尤其重视振动部分的两端跟发音部分衔接的部分，留有一个“圆心”，统称为“心”，如果这个“心”刮掉、刮平，声音就无法奏得圆润。所以谨慎对待振动部分的削法，根据不同乐器，制作哨片与乐器配套，处理好发音部及振动部是极为重要的。

总之，双簧管演奏艺术的构成与气息、口型、指法、颤音、演奏法的运用与掌控等有着不可分割的相互作用。技术是手段，音乐是目的，音乐及风格的掌握是我们所追求的终极目标。

巴洛克与浪漫主义时期的巴松音乐演奏与风格比较

任杰（首都师范大学音乐学院）

巴洛克时期音乐与浪漫主义时期的大管音乐有明显的技巧和风格上的不同。巴洛克时期的音乐普遍具有浓厚的宫廷气息，音乐的表现形式趋于多元化，而曲式则更多为复调音乐，演奏方式更加的趋于流畅，更多的是对于情感的抒发，比较平稳有规律，写作的格式也更趋于统一。在对于大管的技巧运用上也较为系统，音色的变化比较少，主要追求音色的融合与各声部的和谐统一。而浪漫主义时期的音乐则有了很多的改变，此时的音乐色彩有了很多的走向，有城市的浪漫情调，也有乡村音乐风格，而最大的不同则是曲式格式和组合的繁复，以及旋律上更多的张力与变化，这一时期则以主调音乐为主，拥有明显的伴奏声部与主奏声部，而对于曲式结构的多样也存在非常多的变化，呈示部以及更多的扩充段都使旋律的线条得到了充分的调整，因此对于大管音色的变化和颤音的控制力又进一步得到了提高。

笔者是演奏表演专业教师，在演奏不同时期的曲目时发现，从演奏法或者是音乐风格上，不同时期的作品有很大的差异。通过演奏实践和不断学习总结，发现了很多不同时期的不同演奏法之间的关系以及特点。本文笔者挑选两个相对熟悉且最具特色的巴洛克时期和古典时期的代表性音乐家——维瓦尔第的大管协奏曲和浪漫主义时期的经典作品——格林卡《大管与钢琴奏鸣曲》为例，分析和总结不同时期的曲目特征，旨在对演奏者提供一些理论支持与参考。

一、两个时期的巴松管乐器性能比较

1. 巴洛克时期大管的发展

1539年，巴洛克巴松由意大利的一个修道院的院长研制，之后再由杜尔齐安改良为9英尺（1英尺=0.3048米）长的巴松，并加了3个键子。改革后的乐器叫作杜尔齐安（Dolcian）管。但杜尔齐安管的制作在最开始还很不完善，体积较大，使用很不方便。于是便将其管体分割成段，方便携带、方便演奏。巴洛克时期的巴松，相对后期巴松来说，其管体较小，只有四节，没有太多的音键，其音色没有那么明亮，声音也相对较小。1620年，来自柏林的一位乐器研究制作大师汉斯·施莱贝尔（Hans Schreiber）研究出了历史上第一支低音巴松。随着巴松的诞生，也有很多著名的作曲家随之涌现出来，如巴洛克时期的著名作曲家A.维瓦尔第、古典时期音乐大师莫扎特，浪漫时期早期的格林卡等，都曾写有大管协奏曲。

2. 浪漫主义时期大管的发展

浪漫主义时期的巴松相对巴洛克时期巴松，其体积稍大一点，做工更加细致，键子和音孔相对都多出很多，音域也更加广，其音色更加优美，高音更有穿透力，低音更加有张力，音量也有了明显增大，是乐队中必不可少的重要组成部分。

二、两个伟大作曲家的介绍

(一)安东尼奥·维瓦尔第(1678—1741)

生于意大利水城威尼斯，作曲家，小提琴演奏家，维瓦尔第的父亲老维瓦尔第——乔瓦尼·巴蒂斯塔·维瓦尔第是一位生活在威尼斯的理发师。1685年，维瓦尔第的父亲成了一名小提琴手，维瓦尔第的爸爸是当地教会的一名小提琴手，卡米拉·卡里吉奥是维瓦尔第的母亲，维瓦尔第有八个弟弟妹妹。老维瓦尔第作为一位极其优秀的小提琴乐手，在当时的威尼斯音乐圈子中享有盛名。而我们的主角维瓦尔第也就是安东尼奥·维瓦尔第还在年少的时候就已经常常上台替他的父亲老维瓦尔第表演，显示出极其罕见的音乐才能。维瓦尔第从小生活在音乐氛围很浓的环境中，接受着音乐的洗礼和熏陶，很早就展现出出众的音乐才华，10岁即可代替他父亲演出，25岁维瓦尔第成为神父，并在教堂下属的女童音乐学校担任小提琴老师，慢慢他的名字也被大家熟知，很多人不远万里来听他的小提琴演奏。在他担任教师的40年里，创造出大量优秀的作品，协奏曲500多首，奏鸣曲70多首，还有10部歌剧等。最著名的是大家熟知的小提琴协奏曲《四季》。维瓦尔第生前别人对他的评价大多是不好的，说他爱夸耀自己，谎报作品数量，但这都不影响维瓦尔第在协奏曲历史上的地位，他做得最出色的事情就是他可以把自己明白的事情和自己的天赋快速融入到所写的曲子中，并把协奏曲分为快—慢—快三个乐章，他的协奏曲很多广泛流传。

(二)米哈伊尔·伊万诺维奇·格林卡(1804—1857)

俄罗斯著名的作曲家，出生在富有的地主家庭，曾经在圣彼得堡音乐学院学习，因为出生在农庄，他对俄罗斯民族风格音乐特别喜爱，从小学习小提琴、长笛等乐器。老师对其个性和世界观的影响较大。在学习期间，认识了柏辽兹、门德尔松、卡尼采蒂等作曲家，充分了解了欧洲文化。同时，格林卡对歌剧有着很大的兴趣，但他心系祖国，是个爱国主义人士，创造出很多至今广为流传的佳作，被称作俄罗斯古典音乐教父。他所写的作品类型广泛，有歌剧、交响乐、室内乐及各种乐器的独奏佳作，给后人留下了宝贵的财富。

三、代表性作品简介

（一）维瓦尔第《d小调协奏曲》

1.创作背景及简介

维瓦尔第总共写过38首巴松协奏曲，此曲为著名的乐曲之一，是维瓦尔第早期作品。此曲分为三个乐章，第一乐章以弦乐开头，以急促的节奏引出大管的悠扬的主旋律，其中有很多节奏的变化，如3连音接着变6连音，又变4连音等，极大地突出了巴洛克时期作品的特点。第二乐章也是舒缓柔和的旋律开始，由弦乐引出巴松主旋律，突出巴松特有的音色，让人们感受到一丝悲凉，随着乐曲的进行，旋律慢慢变得强烈，足以打动听众的内心，感受到巴洛克时期音乐的魅力。第三乐章以一段3连音小快板开始，曲子中间有很多不同的音乐变化，把此曲带到了高潮。

2.作品曲式分析

此曲是特别规范的巴洛克主义时期结构，第一乐章分为A B A三大段，具有三部曲结构，其中A段中也分为三小段，1 — 15小节为A段中的a小段，其调性为d小调；16 — 29小节为b小段，其中有转调，由d小调转到G大调又转到F大调，其中G大调和F大调为经过调，最后又转回

d小调；A段中的最后a小段中是30—36小节，是a小调，是个下属调。B段为中段，37—58小节，从a小调转到d小调，也是个衔接段，旋律性很强。此乐章最后的A大段和开头较为相似，也分为三小段，a是59—64小节，其调性是其近关系调降B大调；65—85小节为b小段，转回d小调；结尾的a小段从86小节到本乐章结束，以d小调结束。

第二乐章旋律性较强，也分为a b a三段，1—9小节为a段，以g小调开始；b段是10—33小节，调行为g小调开始，15小节转为降B大调，20小节转为C大调，最后又转回g小调；本乐章最后是34—39小节，以g小调结尾。

第三乐章其结构是R a R b R c R，是从主旋律段转换到a段又转换回来，又到b段，又回来到 c 段，又到主旋律然后结束，是回旋曲的形式，其调性为1—18小节为d小调，19—49小节为d小调转F大调，41—52小节为 F大调，52—71小节为 F大调转a小调，71—78小节为a小调，78—101小节为d小调，最后以d小调结尾。

3.作品音乐风格分析

第一乐章为快板，第二乐章缓慢的、抒情的，第三乐章是很快的快板。此曲开头由小、中、大提琴加上古钢琴同时快速演奏十六分音符，表现出急促的感觉，此时巴松演奏八分音符，与整个乐队有一种呼应对话的感觉，表现出急促中带着一点安稳。之后乐队10小节有个减弱，在15小节前又回到开头渐强，形成鲜明的对比，之后又把主旋律交给巴松，随着巴松一点优美的旋律的进入，其他弦乐休息，只剩主旋律巴松，还有古钢琴的伴奏，随着第一乐句演奏结束，弦乐悄悄进入，表现出其和声效果，在20小节后巴松演奏由弱到渐强，在28小节用两组八连音接到29小节，第一小段结束。之后又来到弦乐主旋律，和开头一样，直到35小节巴松弱起由一点回旋音和装饰音来到经过句。此时弦乐队休息，仅剩巴松和古钢琴，在41小节巴松与弦乐队轻巧对话，一强一弱一强充分体现其效果，对着巴松一段十六分音符的演奏，把第一乐章推向第一个小高潮。在53小节又瞬间弱下来，由八分音符后半拍加上弱奏，给人一种听觉的冲击，两小节后又回到悠扬的旋律，充分表现出一强一弱的巴洛克时期音乐特点，又用一组渐强结束第二小段，把主旋律送到乐队，回到开头的主旋律。随着巴松再一次的吹奏主旋律，这次和开头不同的是有弦乐伴奏的主旋律，效果更浓厚，在重复句过后随之有4组六连音，这个连奏充分表现出巴松演奏者的技巧，也表现出了巴洛克时期音乐的变换和多样的特点，紧接着弱奏，又一段八连音直接与开头段呼应，一段渐强把此乐章带到高潮，然后交给乐团，直至演出结束。

第二乐章是以弦乐队开头，演奏主旋律，然后一个八分音符交给巴松，以巴松优美的音色演奏出第一句忧伤的旋律，加上古钢琴的伴奏，瞬间把听者带入到巴洛克的教堂中去。随着音乐的演奏曲，一句接着一句三连音的渐强，又与乐队形成了对话，随着音乐的渐强，把第二乐章带到一个小高潮。在17小节瞬间弱下来，然后伴随着古钢琴和弦乐的伴奏，巴松演奏出一串3连音，然后引出24小节，也是笔者最喜欢的一小节，由3连音变成八分音符，这一节奏的变化加上音符的演奏，可以让听者与演奏者瞬间联想到巴洛克教堂音乐的场景，一强一弱两小节紧接着一个色彩的变化。随着弦乐团与古钢琴的伴奏把第二乐章推向结束，让人们沉浸在遐想之中。

在第三乐章，随着一段三拍子的旋律的进行，弦乐3连音与6连音中引出主旋律巴松，主旋律三拍子彻底表现出其小快板的个性。之后在26小节有很多小音符彻底烘托出其作者的表现意图。在57小节一段3连音的模进，把此乐章带到了一个小高潮。然后弦乐又回到开头旋律，此时大管进入减慢然后回到原速，体现其变化性。随着和开头旋律的呼应，一个渐强达到此曲高潮部分，然后乐团收尾，此曲结束。

此曲风格是标准的巴洛克时期作品，持续通奏低音，轻盈，活跃较多，乐句起伏很大，变换很多，有着浓厚的宗教气息。

（二）格林卡的《大管与钢琴奏鸣曲》

1.创作背景及简介

此曲是由中提琴改编而来，创作于1825年，是格林卡早期的作品之一，极大地表现出了浪漫主义时期的特点与风格。曲中的旋律有着动听的俄罗斯旋律，凸显出浪漫主义的奔放与激情，充满浪漫的音调贯穿始终，充分施展出巴松的乐器特点与音色魅力。此曲开头以优美的主旋律开始，慢慢引出巴松，中间有着各种音乐的变化，由慢到快，又穿插着慢，出现很多次5连音，让此曲又有着俄罗斯音乐的独特性，最后结尾与前面乐句相呼应。

2.作品曲式分析

此曲是标准的奏鸣曲式，其中分为呈示部、展开部、再现部。呈示部分为主部、连接部、副部、结束部四个部分，主部以g小调开始，分为ab两段，其中经过调有c小调、g小调、^{b}E大调；第二部分为连接部，从D_7–t，转到副部，再到^{b}B大调，最后到结束部k46–D_7–T。第二大部分展开部分为三部分，由c小调引入，到第二部分的展开部分，由f小调到c小调，到最后的属准备。最后的再现部和开头一样分为四部分，但在副部由^{b}B大调，变成了G大调，到最后结尾也有同主音大调G大调结束。此曲用了很多华丽的和弦，变化很多，如图谱例标记。

3.作品音乐风格分析

此曲的开头部分是有节制中庸的快板，期间有着很多悠扬的旋律，从歌唱很快转到安静，再转到悠扬的旋律，对比很大，线条很大，旋律优美。

该曲是典型的浪漫主义时期作品，离调多，曲式结构大，句子大，更加连贯，旋律更加悠扬动听，热情奔放，和上个曲子在风格上有着明显的不同。

四、两部作品中巴松管的演奏技巧分析

巴洛克时期代表人物维瓦尔第的《大管协奏曲》充分运用了复调式的写作手法，体现了巴洛克时期大管作品的特点。由此创作的作品可以促进音乐层次的丰富，扩大音乐发展的张力和声部与声部之间的独立性。维瓦尔第在创作时通过巴松的单独演奏声部与伴奏声部的旋律不断交替，互相缠绕对话是复调的基本体现。他写的协奏曲充分运用和展现了声部间的复合节奏，主奏的旋律和复奏间的节奏形式形成不同的不协调关系，即二对三、四对三等等。然而巴洛克时期的乐曲，其演奏的风格更偏向于非常流动的进行模式，所以演奏时可以根据演奏中的实际情况和演奏者本身对乐曲的构思进行更改和调整，可以让曲子的旋律更加流动，吹奏得更加顺畅。

浪漫主义时期格林卡的《大管与钢琴奏鸣曲》是他创作生涯中的早期作品之一。原曲（d小调）是最著名的巴松乐曲之一。通过分析这首曲子的演奏法及演奏风格来呈现浪漫主义作曲家的特点。目前使用的巴松版本和中提琴原版有着一些调式上的差异，由于乐器的不同，演奏的音域也发生了一系列的变化。其中最明显的变化是整个曲子的调式由之前的d小调转为g小调，这种移调是一个非常奇妙的创作，它使巴松管的音色更加趋于明亮，并且其旋律比原本的中提琴版本更高，即使巴松本身的音域低于中提琴。整首曲目中鲜明的俄罗斯音乐风格贯穿了全曲，通过描写城市浪漫风格的音乐来刻画曲子中的情调与对比，具有典型浪漫主义的早期特征。情绪非常的饱满、生动、连贯、优美。主部主题的旋律是随着钢琴的

前面引入，由随之而来的大管所进的旋律代入，这是抒情的小调，这时旋律声部与伴奏声部的音型全都突出了旋律的平稳性和圆润性。因此，对于大管的发音，我们应该有一个充分的构思。对于旋律的诠释应该更加趋于安静和圆润，因此，起音的控制，呼吸的频率和音色的保持都需要有一定的要求。除此之外，颤音的表现也极为重要，颤音是典型的浪漫主义手法，通过颤音的变化来呈现不同的音色，以此增加音乐的丰富感。颤音的运用一定要符合乐句本身的音色要求及旋律走向，起到穿针引线的作用。连接部由新的动机构成，转调为副调属功能的a小调。副部主题为a小调，更加的宁静，结构为扩充展开型乐段。主部尾声对比乐段音乐情绪起伏比较大，需要更多的张力来体现复杂多变的情感，宁静的、平静的旋律与变化多变的动机来回交织。展开部分音乐则是作用了很多快速音阶式的乐句来表达音乐的活跃性，因此演奏这一部分时，除了需要注意音准的技巧外，更多的需要留意音乐的流动性以及音色的保持。紧接着下面的再现部又回到了第一主题，此时的主题再现是对旋律部分的又一次渲染和升华，应与第一次旋律的出现有强烈的对比，更加的夸张与抒情。在演奏浪漫主义作品时，应该通过了解作品的风格特点来选择演奏的方式和方法，不管是技巧的运用还是音乐情感的表达，最主要的部分还是吹奏的气息要跟随旋律的走向和发展加以变化和调整。

格林卡的最大的贡献是让俄罗斯的民族音乐更加的普及，让人民更加知晓与热爱民族音乐，而之后出现的超强集团更是把其民族音乐的风格和特点进行了完美的抒发和演绎。通过借鉴和总结前古典主义和浪漫主义时期的音乐特点，并加入新的元素，即融入俄罗斯民间独特抒情的情感，使其浪漫主义时期的风格特征在俄罗斯音乐中表现出来。

五、结语

浪漫主义时期与巴洛克的音乐风格有所不同，在其基础上有了进一步的改进。它讲究与音乐之外的风景、诗歌和话剧的结合，富有想象力与自然色彩，强调个人主观表现，富有幻想性。音乐表现手法继承了古典时期，但夸张的手法很多，内容有所不同，结构上不像巴洛克音乐有那么多框架，有更多的自由性。

浪漫时期的音乐有着热情、奔放、自由的感觉，多了一些自己的想法，与巴洛克音乐形成鲜明对比，如果巴洛克音乐是风景画，那么浪漫主义就是五彩斑斓的水彩画。浪漫主义时期是欧洲音乐的繁荣时期，它极大发展了古典音乐的优良传统，至今很多音乐受到人们的喜爱。

乐器与其他研究

双簧管簧片制作研究

朱迪（星海音乐学院）

一、制作簧片需要的工具

拥有一套专业的簧片制作工具是制作簧片的基础和前提。

1.刨苇机

刨苇机，金属制的小型机床，长约20厘米，宽约10厘米，高约10厘米（各个品牌的刨苇机在规格上存在差异），主要有三种功能。

1）截断苇子。可以利用在一侧的类似铡刀的装置将苇子截成同样的长度。

2）刨薄苇子。将同样长度的苇子，刨成同样厚度的苇片（刨刀的高度可以根据需要进行调整）。在刨苇机上有一个与截断之后的苇子长度相同的刨槽，将截断后的苇子放于刨槽上，推拉刨刀，直至将苇子刨成所需厚度的苇片。

3）测量苇子的弧度。一般刨苇机上还会配备一个用来测量苇子弧度的测量器，测量苇子弧度的目的是对苇子的粗细进行筛选，通常使用直径在10—10.5毫米的苇子。

2. 苇片成型机

成型机，金属制，体积比较小，通常分为两部分。上面一部分是船型模具，下面一部分是手柄。主要作用是将已经刨好的苇片削成船型苇片。船型模具分为各种型号（不同型号的船型模具的区别，主要在于船型模具两侧的弧度和宽度不同），演奏者可以根据自己的需要，选择不同型号的船型模具。

3. 修哨机

修哨机，金属制，不同品牌的修哨机在规格上有着比较大的差别。“修哨”意思是加工簧片，而不是修理簧片。

4. 刀

这里说的刀，指的是用于修簧片的专业用刀。与一般的戒刀不同，它除了有锋利的刀刃以外，最好还要有适当的重量，以便在削刮簧片时更加稳定。专业用刀一般分为三种，分别在制作簧片的不同阶段使用。

5. 厚度测量表

测量表用于测量苇片或簧片的厚度。刨苇片时，需要时刻测量苇片的厚度，通常使用厚度在0.6 — 0.65毫米的苇片。加工簧片时也需要随时测量簧片的厚度，簧片分为发音部、振动部，这两部分的厚度是不一样的，甚至振动部的不同位置厚度也是不一样的，都靠厚度测量表把握精准的厚度，测量的准确性可以精确到0.1毫米。

6. 舌片、圆柱形等分木、开口木块

舌片多为塑料或金属制成，形似一条窄窄的舌头，所以称之为舌片。在削刮簧片时，需要将舌片从簧片的风口处插入，起到支撑苇片的作用。

圆柱形等切木是一根圆柱形的，弧度与苇片相同的木制圆柱体。主要作用是，可以利用它准确的在苇片中间划出中间线，起到等分苇片的作用。

开口木块由坚硬的木料制成，在簧片开口的时候充当枕木的作用。也可以用金属开口剪，作用是一样的。

7. 烫锥

烫锥，上面部分是一根圆锥形的型钢，型钢比哨座上的铜管内部状态基本一致。下面是一个木制手柄。在捆绑簧片或者削刮簧片的时候，把烫锥从哨座的底部插入，起到稳定簧片的作用。由于簧片体积小，使用烫锥还可以帮助制作者在制作簧片的过程中更好地用力。

8. 砂纸

在制作船型苇片的时候，苇片两侧经常会出现细的纤维，这时需要用砂纸将其磨掉。提示：遇到这种情况的时候不要用手顺着纤维的方向拉扯，这样会把还没翘起来的纤维一起拉起，在簧片的两侧形成缺口，导致簧片两侧漏气。

9. 钳子

一把小的尖嘴钳，在制作簧片的时候经常会用上它。比如：为簧片安装铜丝时等。

10. 铜丝

簧片专用铜丝，比一般的铜丝细，而且更有韧性。在簧片的风口过大或者过小的时候，可以通过铜丝加以控制，调整簧片风口的状态。

11. 线

簧片的专用捆绑线，通常是尼龙材质，比一般的线更结实耐用。

12. 哨座

哨座是簧片的底座部分。通常有45毫米、46毫米、47毫米三种长度，哨座越长，演奏的音越低，哨座越短，演奏的音则越高。哨座的核心部分是金属管，多数是铜质的，也有合银、纯银、合金、K金的，不同材质的哨座做出来的簧片，发出的声音是不一样的。哨座的品牌也是相当丰富的，当今双簧管演奏员使用的大多是产自法国、德国、意大利的哨座。想要做出符合自己对音色和音准要求的簧片，首先要找到适合自己演奏习惯和乐器的哨座。

13. 塑料薄膜

簧片专业塑料薄膜，主要用于簧片的绑线以及铜丝处，目的是防止演奏时簧片两侧漏气。也可以用保鲜膜或者羊肠纸代替，作用是相同的。

14. 尺

一把80毫米长的尺，主要用于度量簧片、哨座以及捆绑时的长度等。尺子不需太长，以方便携带。

15. 开口器

簧片制作的过程中，用于簧片开口。

以上介绍的所有工具，是簧片制作者必备的，缺少任何一个，都很难制作出规范的、理想的簧片来。

二、簧片的制作

簧片是双簧管的灵魂，它既精致又敏感，为了取得卓越的演奏效果，演奏者最好具备制作簧片的能力。那么，为什么要自己制作簧片呢？以下谈谈自己的几点看法：

1）每个演奏的自身演奏条件都是不同的，包括嘴唇的薄厚、牙齿的形状以及肺活量等。不同的演奏条件决定不同的演奏设备。

2）制作双簧管簧片的苇片时常会随着空气温度和湿度的变化而变化，这种变化可以明显的影响到簧片的振动以及双簧管的发音和音色。所以在使用过程中需要演奏者不断地加以调整，以达到最佳演奏效果的目的。

3）具备制作簧片的能力，可以按照自己的习惯和需求对簧片进行调整，同时按照个人的需要选择喜欢的音色。

4）同一个簧片，装在不同的乐器上，发出的声音也是不一样的。因此，簧片不只要适合演奏者，还要适合所使用的乐器。

综合以上几点，总结得出具备制作高质量簧片的能力，是一位优秀双簧管演奏者应该具备的基本条件。有一个得心应手的簧片可以帮助演奏者在演奏方面取得长足的进步和巨大的成功；相反，如果簧片达不到演奏者的要求，想取得进步和成功是十分困难的。

制作簧片的过程是一个比较烦琐的过程，需要制作者足够的耐心，不能急于求成。接下来将对制作簧片的整个过程进行分析。主要分为三个阶段：（1）船型苇片成型阶段；（2）簧片捆绑阶段；（3）簧片开口、振动发音及手工调试阶段。

1.船型苇片成型阶段

船型苇片成型阶段是制作簧片的第一个阶段，是制作簧片的基础阶段，这个阶段是能否制作出高质量簧片的关键。

将一根已经挑选好的苇管竖着平均劈成三份。注意在劈苇管的过程中，要确保刀由始至终与苇管都要成垂直的角度。提示：在苇管的两头有时会出现凹陷的情况，当这种情况出现的时候，可以先从凹陷部分的中间下刀，将苇管劈开。然后，以这条痕迹为准，再把苇管平均劈成三份。

并不是劈开后的每一根苇子都可以使用，一定要符合要求。首先，保证苇子至少要有80毫米的长度，而且是笔直的。其次，在这段笔直的苇子上没有拱起、下凹或扭曲的现象。提示：可以把劈好的苇子，侧切面向下放在一个平面上，比如玻璃、桌面等。如果苇子的中间拱起或是两头翘起，都是不符合要求的。在劈开的苇子上挑出质量最好的一段，至少要有80毫米长而且是笔直的。用铅笔做上记号，再用刨苇机将两头多余的部分切掉，这时由于苇子被切短了，所以有必要再次检查苇子是否有拱起、下凹或是扭曲的现象。提示：可以使用我们之前提到的同样的办法。这时要注意苇子的四个角是否都在一个平面上，如果有一或者两个角是翘起的，就说明苇子有扭曲的现象。

然后将苇子放在水里浸泡一小时左右，再把苇子放到刨苇机的刨槽里进行刨制。注意，苇子要放在刨槽的中间，不要有左右不一样高的情况，将苇子固定好后，左手扶住刨苇机，右手握住刨苇机的手柄，然后把苇子逐一刨制成一样的厚度苇片。苇片的厚度是有统一标准的：中间，也是苇片最厚的地方为0.55 — 0.6毫米。由于刨刀的弧度是固定好的，所以只要苇片中间的厚度是合乎要求的，那么两边也应该是合乎要求的。刨制完的苇片要用测量表逐一测量，测量时不能只测苇片上的一个点，要全方位的测量，以确保整片苇片同一位置的厚度的统一。当然，过薄、过厚或是不一样厚度的苇片都是不能使用的。提示：在刨制苇片的时候经常会出现两个问题。一是刨制完的苇片过于薄或是过于厚；二是刨制完的苇片的厚度不一致。我认为这是由几个方面的因素造成的。首先，刨制苇片之前要把刨苇机的刨刀调整到一个正确的位置，所谓正确的位置是指，使之能够刨出合乎厚度要求的苇片的位置（刨刀的位置是可以根据不同的要求调整的）。其次，要把刨苇机放在一个平面上工作，这个平面不易过高或者过低，关键是要适合刨制者的高度。最后，在刨制苇片的时候，握着刨刀手柄的手不要用力向下按压，这样刨出来的苇子极其容易出现薄厚不一的现象，而是向前推，体会平稳用力，用刨刀刨掉同样厚度的苇削，直至刨不下任何苇削。

接下来对苇片的质地进行筛选，用双手捏住苇片的两头，同时向相反方向扭转，感觉一下苇片的软硬程度，如果扭转了两圈以上苇片还没有出现任何破损，说明苇片太软了。如果刚扭转苇片就裂了，说明苇片过硬了。这两种苇片都是不能用的。刨制好的苇片最好经过3—5天凉放后，再进行下一个步骤。

下一个步骤是把刨好的苇片削成船型苇。操作之前，先将苇片放在水里浸泡至少半个小时。浸泡时间要适中，不宜过长，更不能太短。浸泡后，把苇片放在圆柱形等分木上，用刀在苇片的中间横切出一条痕迹，注意在切的时候要对齐等分木上中间的痕迹。横切的时候力量要适中，不用切得过深，因为现在的苇片相对较薄，容易切断或断裂。接下来把苇子对折，注意这时两面的苇子不能歪斜，并固定在成型机上。先将船型模具放在苇片的中间，确认无误后再加以固定。接下来，用刀把苇片削成船型苇。切记，要从上往下削，也就是说从折苇子的地方开始削。把苇子两边比模具宽的部分削掉，就构成了船型苇片的形式。削完后的船型苇，在苇子的两侧经常会有细细的纤维，不要用手拉扯，要用沙纸把纤维磨掉。船型苇片制作完成后，需要放置3—5天后才能进入下一个制作阶段。

2.簧片捆绑阶段

接下来介绍簧片制作的“捆绑阶段”。把船型苇片放在水里浸泡至少30分钟。可以利用这个时间用钳子剪几根6厘米左右长度的铜丝，再分别将铜丝在烫锥上缠绕两圈，然后把铜丝的两头扭在一起，形成一个直径大约4毫米的小圈。这样的小圈在后面的环节里会派上用场。30分钟后取出在水里浸泡的船型苇，把船型苇的两头削薄，直至透明为止。不用太薄，大概1厘米左右的长度即可。然后对折船型苇，再把之前用铜丝做好的小圈儿套在船型苇较窄的一头，因为簧片的顶端在做完后需要切掉1—2毫米，切掉之后簧片顶端的苇片部分至少要留25毫米，所以铜丝做的小圈儿应套在距离顶端26—27毫米处。铜丝圈儿套在苇子上即可，不需弄得太紧。接着拿一个哨座从苇片的开口处插入，直至铜丝圈处，这时要注意从哨座的底部检查哨座上的椭圆形铜管在苇片里的位置是否正确，一定要把椭圆形的铜管横着放在两片苇片之间。确定与苇片对齐后，用已经准备好的尺测量簧片的尺寸，通常这个阶段的簧片要有72毫米长。下一步把烫锥从哨座的后面插进去，以便缠线手握着方便，好用力。再用钳子把铜丝圈儿拉紧，扭紧。注意苇子的两边是否都已经对齐合拢，不要有错位的现象。接下来就可以缠线了，左手握住烫锥并用大拇指按住线头，右手拿起线先在手指上缠两圈，再从哨座的铜管中间开始向上缠，要一圈紧靠一圈，用力的缠好每一圈，缠到铜丝圈儿时把线向下拉直开始缠线处，缠住线头后再一圈一圈向下缠，缠至还可以看到三四毫米的铜管时，打上至少两个节，用刀把线切断即可。在缠线的时候注意右手要上下用力，切记不要前后拽拉。线与线之间经常会出现漏气现象，在缠线时如果注意可以避免此类情况的发生，如有此类情况出现，可以用普通的胶水或是无色的指甲油涂抹漏气处可以起到防止漏气的作用。注意，捆绑好的簧片需要放置5—7天，才可以进入开口及振动发音阶段。苇片刚刚捆绑完，自身的张力还很大，放置几天后张力逐渐减小，制作出来的簧片效果更好。

3.簧片开口、振动发音及手工调试阶段

簧片开口、振动发音及手工调试阶段是簧片制作的尾声阶段。簧片开口之前需要将簧片在水里泡上15分钟，水不用太多，以簧片上的捆绑线为准，水不要超过捆绑线。浸泡后，用刀在簧片顶端2—4毫米处进行削薄，尽量薄一点，再用开口器给簧片开口。

接下来把开口的簧片插到修哨机的模具上，对齐模具上的标识对簧片进行削薄。具体动作与刨苇子的操作动作基本相同，削至没有苇子可以削下来为止。因为修哨机上的模具可以调整和更换，所以可以根据个人演奏需要选择不同的模具。

经过修哨机加工的簧片已经可以振动发音，但还不是簧片的最好状态，接下来进入手工调试阶段。根据簧片的状态和演奏者的需求进行手工调试，这个环节是最见功夫也是最需要经验的时候。接下来，把经常出现的几种情况总结一下。

1）不好发音。如果簧片出现振动但不好发音的情况，需要将簧片顶端处适当削薄。

2）低音不好发。如果簧片出现低音不好发的情况，需要在弧线以上部分适当削薄。可将簧片竖起来平均分为五份，中间部分不要削，先削第二和第四部分，效果不明显，再削第一和第五部分。

3）高音不好发。如果簧片出现高音不好发的情况，需要在发音部向下一点的位置适当调试。

手工调试这一环节中还有很多状况，在这里就不一一列举了。需要演奏者进行大量的实践，积累经验，所谓“冰冻三尺非一日之寒”。

三、结语

以上是本人对双簧管簧片制作的一些见解，簧片制作是个非常复杂的课题，需要具体问题具体分析，根据客观的情况区别对待。具备制作高质量的双簧管簧片的能力，是每一个双簧管演奏者的梦想，需要有足够的耐心，谨慎的细心，持之以恒的恒心。最后祝各位双簧管爱好者早日制作出理想的簧片！

西洋管弦乐如何作为载体保护和推广我国少数民族音乐发展

陈继涛（中央民族大学音乐学院）

自西洋乐被引入中国后，受到越来越多国人的青睐。与此同时，西洋乐也开始和中国本土的少数民族音乐结合在一起，创造出了全新独特的带有浓厚民族音乐特征的音乐风格，同时也丰富了中国少数民族音乐的表现形式。这种现象引发思考：面对西洋乐的“引进来”，我国少数民族音乐也应当“走出去”，积极借助西洋乐器优势，结合自身音乐特点，保护和发展本民族音乐。本文主要从西洋乐演奏者和教学者两个角度，结合西洋乐在我国民族化发展进程概况，借鉴日本传统音乐吸收外来音乐特色发展和传承自身的方式，探讨西洋管弦乐应如何作为载体保护和宣传少数民族音乐文化。

一、关于西洋乐在中国的发展及民族化进程的历史概况

明万历年间，随着欧洲传教士来华传教，部分西洋乐器零散地传入中国；清朝末年，中国人开始演奏西洋乐器，主要使用出现于皇家出巡及军乐队。管弦乐队最早出现在清朝末年间的海关总税务司俱乐部。中国较早

开始定期举行音乐会的交响乐队是北京大学音乐传习所的管弦乐团，其演奏内容多为西洋著名作曲家的交响乐片段。随着20世纪中国各地开办的学校音乐教育，西洋乐在中国的流传度逐渐提升，各地学校建立乐队、西洋研究会、艺术学院等；西洋乐在中国快速发展。20世纪以来，我国陆续出现了《嘎达梅林》《红旗颂》《铁道游击队》等具有中国少数民族音乐风格以及由民族音乐改编、极具民族音乐文化特色的西洋交响乐作品。直至21世纪，我国出现了更多以西洋乐为载体，融合民族传统音乐风格、乐器和演奏形式的音乐作品，深受观众青睐。可见，我国少数民族音乐面对被“引进来”的庞大完善的西洋音乐体系，也是少数民族音乐“走出去”和西洋乐相互学习、吸收的过程，西洋乐和民族音乐的有机结合也为发展、保护和传承我国少数民族音乐开辟了全新的方向。

二、浅析西洋乐演奏者如何作为载体保护和宣传少数民族音乐文化

1）演奏者通过演奏和改编具有民族音乐风格特色的曲目以及中国少数民族歌曲，或进行具有本土化音乐特色的曲目创作的方式达到宣传民族音乐文化的目的。

通过将西洋铜管乐的表现特色与中国民族音乐的艺术精髓有机融合，博采众长，起到表现和宣传中国少数民族音乐深厚内涵的作用。21世纪以来，西洋交响乐中涌现出了一批将西洋乐与民族音乐有机结合的优秀作品，深受人们追捧。由中国作曲家黄若创作的《交响民谣》，涵盖了《凤阳花鼓》《康定情歌》《兰花花》和《达坂城的姑娘》四首耳熟能详而且极具民族地方代表性特色的曲目，将经典的、具有深远意义的民歌与西洋交

响乐巧妙地结合，不仅呈现了一种全新的音乐魅力，同时也为少数民族音乐文化的宣传和传承提供了新的途径；更通过音乐，向观众展示了在民歌背后中国独特的民族历史背景和文化艺术，达到了弘扬中国少数民族文化的重要目的。金东根老师对新疆维吾尔族民歌《青春舞曲》进行了铜管重奏的编曲，在乐曲中通过铜管明亮、欢快的音色特点表现出了新疆民族歌舞载歌载舞的形象，用高昂热烈的小号演奏主旋律，其他铜管乐器辅以跳动性的旋律为伴奏，表达了开朗奔放、富有青春活力的气氛，充分体现出新疆民歌甜美热烈、节奏鲜明、富有动感的音乐特点。乐曲中还加入了打击乐器铃鼓，巧妙地用铃声作为点缀，增加节奏感的同时，也在铜管演奏中添加更多的民族音乐特色。

2）演奏者通过使用本乐器的演奏技法，吹奏模仿中国少数民族音乐中独具特色的演奏演唱技法；在演奏中应坚持扎根于传统，充分了解和学习民族音乐背后的历史文化，从而达到在创新方法的同时保留民族音乐的传统特色，兼具保护和宣传民族音乐文化的作用。例如：在马头琴和管弦乐团共同演奏的《万马奔腾》一曲中，把我国蒙古族的传统乐器马头琴以及其独特的“呼麦”唱法与西方管弦乐团有机结合，演绎了蒙古族的传统乐曲，为少数民族音乐的演绎和创作都提供了全新的思路。在乐曲中，使用了铜管乐器组恢弘嘹亮的声音特点，表现出在草原上万马奔腾而过的宏大壮丽景象，准确、形象地描绘出了马群奔驰而过的雄壮气势；将弦乐和马头琴相结合模仿马的嘶鸣，通过弦乐模仿马头琴的音色，用强弱变化生动地表现出草原上马群由远到近奔腾而来的形象。此外，乐团通过使用本乐器的演奏技巧（如：颤音、倚音、滑音等）模仿蒙古族民间乐器马头琴以及“呼麦”演唱方法的音乐风格特点。在创新方法上，使少数民族音乐和民间乐器在和乐团合奏演出的同时也保留有少数民族音乐的传统特色，做到了保护、宣传和发展相并重，扎根于传统、传播少数民族音乐文化。

三、浅析教学者如何通过推进西洋乐的本土化、民族化发展达到宣传少数民族音乐文化

1）在教学过程中，教学者可以渗透性地教授吹奏一些具有中国少数民族风格特色的音乐作品，使学生在练习演奏的过程中加深和提高对民族音乐的理解和兴趣。

以圆号教学为例，通过引导学生练习、吹奏《沂蒙山小调》《草原新歌》《小牧民》等由民歌改编的曲目，体会和比较各地方民族音乐在音乐风格、曲式结构上与西洋音乐的异同，通过对比提升学生对于少数民族音乐文化的理解。此外，通过引导学生演奏、理解具有中国民族风格的音乐，培养学生演奏和学习我国少数民族音乐文化的兴趣，推动西洋乐演奏民族风格乐曲的持续性发展和创作，达到了进一步宣传和发展少数民族音乐文化的目的。

2）在指导具体的曲目吹奏过程中，应灌输给学生对于民族音乐的具体理解；对学生渗透该乐曲背后蕴含的民族音乐文化，学习和了解该民族的文化特点、风俗习惯、生活环境以及历史背景等；加深对民族文化背景的认识，以此为依托加强学生对音乐的理解。

同时，也要随时对学生渗透了解音乐所蕴含背景文化的概念，促使学生形成意识自觉性，自发地对少数民族音乐及文化产生兴趣；以达到提升学生音乐理解、提升自身民族文化自觉自信的作用。例如《沂蒙山小调》，前身是《反对黄沙会》的抗日主题，后改为歌颂家乡的主题音乐作品，是一首山东经典的、带有山歌风味的民歌。在演奏时，应注意突出其辽阔、

自由的情感特征，不仅要演绎出沂蒙山的美丽风光，表达人民对于家乡的歌颂与自豪；更要体会其音乐背后蕴藏的历史史实，表达出对共产党的歌颂、对老区人民开拓进取发展经济的肯定；为民歌注入时代精神，保留和宣传中华民歌背后独特的民族精神和时代意义。

四、借鉴日本传统音乐面对外来音乐的冲击如何进行自我保护和发展

（一）充分认识本土音乐自我保护和发展的重要性

面对外来音乐的冲击，首先应认识到回归传统和发展民族音乐的重要性，重视和关注民族传统音乐以及其背后蕴含的传统文化。日本音乐作曲家通过采用民族音乐写作、摄取西方音乐技法创作邦乐的方式，创造出兼具西洋音乐技巧和民族音乐特色的现代风格邦乐作品，为日本传统音乐激发了全新的活力。

（二）吸收并消化外来音乐的精髓以充实和发展民族音乐文化

消除传统音乐和外来音乐之间的隔阂，学习和吸收外来音乐的乐器、音乐结构特点等以充实和改良自身，做到“兼收并蓄，为我所用”。日本的民族乐器三味线起源于中国的传统民族乐器三弦，由中国元、明朝时期经琉球传入后，逐渐改良为适合日本传统音乐风格的民族乐器。可见，我国发展和保护少数民族音乐，不仅能通过用西洋乐演奏具有民族风格的音乐的方式，还能学习和吸收西洋音乐体系，对其演奏技法、乐器、音乐风格等进行改良，在创造和建立适合表现我国民族音乐的音乐体系的同时，也充实和发展我国原有的少数民族音乐。

（三）对少数民族音乐建立科学、系统的教育和研究体系

改变我国少数民族音乐口耳相传的教学方式，吸收西洋乐记谱法和教育方式，建立系统完备的传统民族音乐教育、研究体系。深入民族音乐发源地进行采风，并科学巧妙地运用西洋音乐加以创新发展，洋为中用。中国民族音乐家王洛宾，通过深入民族歌曲发源地进行采风的方式，对我国西部民歌进行了搜集、收录和整理，为我国少数民族歌曲的保存和传承做出了巨大贡献。这也提醒我们，要发展传统少数民族音乐，就要重视对少数民族音乐作品、演奏技巧的保护。借助西方音乐的知识和教育体系，将民族歌曲进行效率、系统的保存；科学的教育和研究演奏技巧；通过学习和借鉴西洋乐的演奏方式以改良和发展少数民族音乐，对保护和发展我国少数民族音乐有重要的意义。

（四）少数民族音乐应满足大众的音乐欣赏需求，成为喜闻乐见的艺术形式

大众的音乐欣赏需求受到社会和时间的影响，具有历史性。演奏家和作曲家在保护和发展民族音乐时，应注意在传承民族文化遗产的同时，思考少数民族音乐在现代生活中的表现形式。通过将民族音乐与西洋乐相结合演出、民族音乐与现代流行乐结合等方式，推动少数民族音乐在大众间流传和发扬。

五、结语

综上所述，通过从演奏者和教学者两方面分析西洋乐在中国的民族化发展，结合日本传统音乐如何吸收外来音乐体系进行自我保护和传承；分析西洋乐如何作为载体助推我国少数民族音乐文化发展，我们可以清楚得出结论：以西洋乐作为载体推动少数民族音乐发展，不仅要“兼收并蓄、博采众长”，吸收西洋乐的演奏技法，与具有少数民族特色的演奏技法有机融合；更要“扎根传统，推陈出新”，始终把演奏和创作音乐扎根于少数民族历史文化的大背景下；以传统文化为根基，以西洋乐为传播的载体，在保护和传承的基础上推动其持续地发展下去。

混声音乐语境下金湘巴松协奏曲《幻》的民族性解决

黄祎（中央民族大学音乐学院）

鲁迅在《拿来主义》里曾写道："没有拿来的，人不能自成新人，没有拿来的，文艺不能自成为新文艺。"而历史上真正把"拿来主义"率先用到极致的，恐怕是历史悠久且伟大的古罗马人，他们崇敬并尊重古希腊文明，在征服古希腊之后，他们不断复制、吸收古希腊文明的养分，从而成就了自己的文明，甚至成为对现代社会影响最大的文明之一。这样的辉煌灿烂，正如"站在巨人的肩膀之上"，取彼之博大精髓，助此之更上一层。混生文化自古有之，而混生音乐[①]就如同"拿来主义"在音乐领域中发展的一个进程，这是多元文化交融、发展的必然，更是音乐文化走向它最终归属的必经之路。

① "混生音乐"全球化语境中的用户，亦为音乐人类学和后殖民批评语境中的用语；参见宋瑾：《混生音乐族性的美学分析》（导论），载《乐府新声》（沈阳音乐学院学报），2017年第4期。

一、历史推动着混生音乐文化

混生音乐文化自古有之，早在隋唐时期便形成了西域外来音乐文化混生的高潮，如宫廷“七部乐”“九部乐”“十部乐”，民间的胡乐、“蒙汉调”，等等①。随着历史的推进，对于外来文化，国人在各个时期所持的观念不同，且由于政治、经济、文化等多方因素的影响而发生着质的变化。近现代以来，坚船利炮叩响中国大门，西方文化铺天盖地强势来袭。林则徐“开眼看世界”第一人，魏源在《海国图志》中表示“师夷长技以制夷”，随后颇具远见的留洋子弟主动学习西方知识并引入国门，而民族传统音乐文化则被逐日边缘化，顽强而艰难地存活于民间，处于自生自灭状态。与此同时，近现代百余年间，自然人已更替若干代，产生的种种“文化代沟”更加剧了现代人对传统民族音乐文化的陌生。②

“落后了就要挨打”，20世纪以来，西学东渐的文化变迁，直接导致中国走上了“新文化”“新音乐”的道路。这种“新”打破传统中国文化、中西结合的文化，向着更先进、更多元、更全球性的目标进发，同时在这个过程中寻求民族风格，甚至追求个体个性。“借鉴西方作曲技术，创作具有中国风格的作品”③已成为音乐家共同遵守的原则。很显然，这些因文化变迁而催生的“新音乐”，即是中西结合的混生音乐，而其族性通常归于中华民族。

---

① 宋瑾:《族性变化与混生音乐创作》，载《人民音乐》，2018年第10期。

② 宋瑾:《民族音乐教研的新视点：族体变化与混生音乐》，载《中央音乐学院学报》，2018年第1期。

③ 宋瑾:《混生音乐组行的美学分析》(导论)，载《乐府新声》(沈阳音乐学院学报)，2017年第4期。

对于西学而来的音乐文化，首先是显于其外的音乐形式[①]，包括音高、节奏、音色、作曲技法及其形式美的构成法则等等。而最重要的则是内显于心的族群成员在思维意识、文化观念上的变化，从而使得族性变异。“在一个全球化的世界中处于本土化，这是被社会剥夺和贬黜的标志。由于公共空间的消除超越了本土化生活的所及，本土正在消却其意义生成和意义转让的能力，而且日益依赖于它们所无法控制的意义给予和阐释活动。”[②] 外因与内因的双重变化，致使族群音乐价值观的转变，因而深刻影响了民族音乐的发展。

值得注意的是，在这样的变迁中，唯一不变的是“中华民族”，但整个社会环境，国人的心性、思维、观念逐渐发生了内在的变化，又通过新文化、新音乐显于其外。于此，中华民族的族性已不是当初那般。20世纪初兴起的学堂乐歌，由留洋学者运用外来曲调填词而成，便是中国近现代“新音乐”最初的样式。“变是唯一的不变”，混生音乐的出现并非偶尔，而是历史的必然。在变化中寻得规律与准则，才能顺应时代发展，抓紧“民族性”的魂魄。

二、巴松演奏艺术民族化发展概况及《幻》的创作背景

文献记载，“早在16世纪中期，意大利天主教修道院院长阿夫雷尼奥（Afranio Albonesi）把一种长约9英尺的低音双簧管乐器做了“U”形折叠

① 张前、王次炤：《音乐美学基础》，人民音乐出版社，1992年第52页 。

② [英]齐格蒙特·鲍曼：《全球化——人类的后果》，郭国良、徐建华译，商务印书馆，2001年。

式的改进，并加了三个音键，这就是巴松的雏形。”① 巴松最早被作为低音声部的加强乐器所使用，直到17世纪初，它才在一些作品中担任独立的角色并有作曲家为其创作独立的作品。随着巴松的不断改进，音域、音色及其技巧有了极大的扩展与提升。进入20世纪，其常用音域接近四个八度，最高音已经可以至g^2。而巴松作品的体裁从管弦乐独奏片段到奏鸣曲、协奏曲等等，各种大胆的尝试与新的创作层出不穷，几乎囊括了器乐曲所有的创作体裁。

19世纪90年代末的清末宫廷管弦乐队便配备了巴松乐器②，由于乐器的局限，1949年之前巴松一直停留在“口传心授”的阶段。新中国成立后，专业音乐院校、编制齐全的交响乐队的相继设立，配以专业的师资，使巴松在中国的教学、演奏及研究有了极大的发展。改革开放后，中国的音乐殿堂更是向世界敞开大门，不仅聘请来自苏联、德国、美国等一批外籍专家来华演出讲学，更是鼓励大家“走出去”深入学习。

巴松艺术创作的民族本土化发展中，较早出现的是1959年由辛沪光根据蒙古曲调素材创作的巴松独奏曲《草原歌声》，还有田耕的《茶子丰收了》，等等，这些作品大多是根据歌曲改编而成。“文革”期间几乎停止了创作，没有一部流传下来的作品。“文革”后，巴松艺术的民族本土化创作出现了新转机，一大批专业作曲家开始学习并使用新的音乐元素与作曲手法进行大胆的创作。金湘作为近现代中国音乐史上的第四代具有代表性的作曲家③ 强调“中华乐派”，委约作品——巴松协奏曲《幻》便创作于此时期（1983年），这部作品将现代作曲手法与本土化相结合，极

---

① 转引自陈建华：《巴松艺术》，香港东方出版社，2009年第4页。

② 陈建华：《巴松艺术》，香港东方出版社，2009年第169页。

③ 王西麟：《民族交响乐作品的新探索》，载《人民音乐》，1997年第9期。

具代表性。

站在混生音乐语境下，特定混生音乐跟特定族群的政治、经济、文化密切相关，又在全球化进程中相互影响。金湘巴松协奏曲《幻》亦是时代应运而生的作品，首先在形式上它借鉴于西方现代作曲技术，这是中国西学东渐的必然；其次在内容上它吸收本民族的文化观念、音乐特色，具有本民族的人文气息；再次，全球化的社会大背景，“多元音乐文化”观念早已达成共识，它促使着世界文化在某种程度上的融合。这种西方音乐模式下的中国音乐作品，在族性归属上，仍然毫无疑问地纳入我国现代社会。但终究，如若要在多元音乐文化下保存中国音乐创作的这一原民族特色，既要在混生音乐的发展中在音乐中反观中华民族，在中华民族里反观音乐，更要领会中华文化之气质，正所谓“形变而神不变”“移步而不换形”。

三、《幻》的民族性与个性

谈及一部音乐作品的风格与个性，是截然不同于对该作品最浅显的情绪化认知的。音乐风格是一种文化体系，是音乐自身结构特征的高度总结，它不是大众化的，而是由音乐性内容里专业性因素的内容成分所构成。[①] 在金湘《幻》这部作品中，他抓住巴松这件乐器的音色特点结合现代作曲技法，立足中华民族自古之风格——空灵、飘渺，富含寓意，从音乐标题“幻”即为音乐的创作构思埋下了伏笔，这种写意之境绝不同于西方音乐史中以德彪西为代表的“印象派”。《水中倒影》《亚麻色头发的

---

① 张前、王次炤：《音乐美学基础》，人民音乐出版社，1992年第86页。

少女》《水妖》等等，这些作品在标题上更为直接，也更贴合作曲家所受的西方社会、文化无形的熏陶与感染。而标题“幻”字字少而意蕴丰，将中华文人那种“人生似幻化，终当归空无”的情境表现个淋漓尽致。

音乐是声音的艺术，而“音乐艺术从它诞生开始直到今天，总是以音响标志着它的存在”。回归《幻》音乐作品本身，乐曲引子部分音域宽广，高音声部位于小字三组“G–$^{\#}$F–C–^{b}D–F”，在低音声部持续音的衬托下，声部间构成极不和谐的和声，音列中以三全音、小二度音程元素构成引子主题的音乐素材，引子过后巴松独奏部分松弛、宽广向紧凑、紧张的情绪迸发，使得整部作品在开始虚幻与神秘之中（见谱例1）。

谱例1：

整部作品极具空间感，乐曲结构层与印象层的合理布局，横向安排与纵向安排得疏密相宜。和声背景或轻柔简约，或紧张稠密，亦或干脆用休止留空。配合巴松独奏，令此曲亦有“空”谷悠悠回响之感。此为乐曲“空”之特征。同时，主题旋律多由半音进行，虚化了传统调性结构功能和声、主题调性，且每个声部“你中有我，我中有你”，都没有单独从和声中凸显出来。这是乐曲“虚”之特征。

回归到乐曲单乐章的结构布局，“慢 — 快 — 慢 — 快 — 慢”的五个主要段落在两个主题间依次展开（第一主题原型为12 — 18小节；第二主题原型为71–73小节），这种“神不散”的艺术观念，犹如散文式的结构（主题一见谱例2，主题二见谱例3）。与此同时，主题的每一原型移位、巴松独奏颤音等技法的使用，让乐曲不仅深挖其内涵，更是从始至终不离其宗。

谱例2：

谱例3：

音乐作品中所表现出的风格，无论从民族风格、时代风格、个人风格、作品风格来看，都脱离不了所处的环境，历史的进程、社会的发展、文化的认同。而音乐创作的民族化发展脱离不了去思考：如何在音乐文化范围内平衡传承文化与适应现代彼此之间的关系，同时，在现代化社会里汲取能量，激活并发挥音乐民族化的潜质。在这一点上，金湘在作品《幻》之中做了大胆的尝试，其作品中鲜明的新时代族性特征即是他作品个性的代表，这是不同于其他中国作曲家的。

四、《幻》中的哲学美学观念

在全球大环境的影响下，当代中国人的精神特征趋向于“中性化”。全球化的共性特征，确是难以明显区别于其他国家和地区的民族。而作曲家们在面对创作时，作品中充分体现民族性，似乎与当下现实的生活有一定距离。这种民族性或是捕捉于实地采风的田野乡间，或是记录于文字之中的历史，亦或是口传于当今“非遗文化”传承人之口。① 于此，若要在多元文化中保存中国音乐作品民族性之“魄”，作曲家的文化认同尤为重要，这不仅关切着国人审美意识的培养，更关切着中国音乐民族性的发展与规范。

（一）作曲家的身份认同

拥有技术则意味着拥有音乐创作的发言权，但“作曲到最后拼的是观念”。在全球化时代中，作曲家金湘在作曲观念上拥有自己的思想与选择，“我既是世界的，也是中华的”。同时，他呼吁“发扬东方音乐文化传统中的优秀观念，吸收融合西方音乐文化中的优秀因素，是既坚持母文化特性，又立足于世界音乐之林的根本之道”②。提出“中华乐派”，并概括出“立体传统”的概念，即上层形态、中层结构和底层哲学美学。③ 这是对本民族文化强烈的“文化身份认同”。

（二）《幻》的音乐精神特征

“音乐中的精神特征是一种深层的文化内容，它蕴含着深刻的思想

① 宋瑾：《民族性与文化身份认同 —— 当今中国作曲家思想焦点研究之二》，载《中央音乐学院学报》（季刊），2010年第1期。

② 金湘：《困惑与求索 —— 一个作曲家的思考》，上海音乐出版社，2003 年。

③ 宋瑾：《金湘作曲思想与中华乐派》，载《中国音乐》（季刊），2016 年第2期。

性。”“音乐中的精神特征绝非大众化的内容，它是一种理性化的内容，是音乐审美活动高级阶段的产物。”① 这是一种宏观的、非具象性的、不可言传的，只可通过意会直抵人心的精神世界的高级概括。这不仅需要一般的音乐素养，更需要理性思维与音乐认知的综合修炼，当音乐审美活动达到最高阶段才能被感知。

金湘的《幻》是一部建立在半音体系上的单乐章作品，委约于时任中央乐团巴松首席刘奇，整部作品紧扣标题“幻”，围绕主题展开发展。全曲虽然在“形”上，采用“人工合成音阶”等现代作曲技法，但在“魄”上把握“空虚散含离”的中国哲学美学观念，使得整部作品极具新时代民族性。

五、余论

“中华乐派”之观念深入作曲家金湘的创作之中，这不仅是“文化身份的认同”，更是为中华音乐文化在当代及以后的发展中奠定基石，在未来夜以继日的不断探索中逐渐明晰与规范中国音乐创作民族性。这条道路尚且未完成，但观点的树立足以开启创作的先河。“虽然说任何一部成功的或具有独创性的音乐作品，它都深深扎根于现实之中；而且总是根据表现内容的需要对形式规律做各种突破和创新。然而，我们不能不看到，这些作品的创作又总是按照音乐自身的规律和业已成形的形式规律来进行的。音乐形式的规则一旦确立，就有它相对的稳定性和历史继承性，它构成一种音乐文化的传统，成为音乐创作的依据和规范。音乐形式因此而表

① 张前、王次炤：《音乐美学基础》，人民音乐出版社，1992年第88页。

现出它的相对独立性和对内容的反作用。作曲家在进行创作时，往往根据或借助于这些业已形成的形式规范和文化传统来进行创作构思，使作品的内容与一定形式规律的文化传统相适应。音乐体裁更明显地表现出它对内容的反作用的渗透性。”①

金湘曾言：“从根本上讲，技法是由于作曲家基于某种观念去探求、创造，即观念左右技法的产生与发展。反过来，技法又为树立、佐证这一观念服务。”《幻》虽为西洋乐器巴松创作的协奏作品，但音乐所依托的演奏载体、曲式结构等不足以代替音乐形式中的诸组成要素。音色、节奏、速度、力度等等，这些要素的确立离不开音乐感性材料的声音特征作为依据，那么，混生音乐在中国若要寻找其族性的归依，或许从这些方面着手研究也是一种方式。第四部分中谈及的中国哲学美学观念渗入乐曲的理解，或许会存在一定的个人主观性，但鲜明的民族观念与民族精神自然流露于作品之中，其族性自然便深刻与明晰起来了。

“作曲家在混生音乐创作中，力图保持并显现出‘民族风格’。或者相信只要自己还是中国人，就能在作品中自然体现族性。无论如何，仅仅在乐谱上分析的族性是不够的，创作必须考虑感性效果。”于此，音乐作品的民族性，不仅仅局限于作品本身，更在于其内在的感性认识与思维观念。“传统是一条河”，时代在变化，继承保护原生音乐文化的同时，考虑未来音乐文化的民族性发展同样不容小觑。

---

① 张前、王次炤：《音乐美学基础》，人民音乐出版社，1992年第72页。

浅析双簧管的音乐人类学思考

李勇翔（中央民族大学音乐学院）

时至今日，全世界的文化发展潮流，以及我国自身的文化发展形势都发生了巨大的变化，多元文化为主要特征的文化艺术发展形势与潮流对于任何一种艺术形式来说都是巨大的挑战，同时也是一个使自身取得革命性进步与发展的机遇，在这种环境中，双簧管音乐作为西方音乐文化的代表之一，以其独特的音色而闻名，其前身为肖姆或卡拉姆斯。17世纪中叶，法国将一种较小的肖姆做了改进后命名为Hautbois——双簧管，至此，真正的双簧管（Oboe）问世，到了18世纪初，双簧管在欧洲的音乐中心成为脍炙人口的乐器[①]。而在人类文明史诞生之后至中世纪初（指欧洲概念），世界各地也出现了不少可以称为音乐化的双簧乐器，富有代表性的有古埃及的赛比（Sebi）、毛诺洛斯（Monaulos）；阿拉伯的米兹玛尔（Mizmar）；古希腊的双簧管阿夫洛斯（Aulos）；中国的胡笳、筚篥、皮皮（又名巴拉满、芦笛、芦管）等[②]，它们作为地区化了的双簧乐器，无不饱含着地方特色，并与当地的社会、文化、人融合在一起，形成具有

① 朴长天：《浅谈双簧管的历史及演变》，载《乐器》，2002年第12期。

② 朱同：《双簧管简史》，载《南京艺术学院学报》（音乐与表演版），1987年第3期。

风格又多元的音乐色彩。

早在双簧管艺术第一次进入我国之前，俄罗斯的很多音乐家们就在自己的创作中将双簧管与东方情调与风格联系在一起，用双簧管优美、神秘的音响色彩来表现东方的主题。如柴科夫斯基创作的交响曲作品《天鹅湖》中，充满了东方色彩的主旋律，就是由双簧管担任独奏的，这也从另一个角度验证了双簧管艺术与我国民族艺术与音乐特质的某些契合①，而双簧管这一乐器真正走入中国，进行中国化、民族化发展开始于中华人民共和国的成立。建国以后，毛泽东同志更加明确地指出“艺术上全盘西化”被接受的可能性很小，还是以中国艺术为基础……艺术离不了人民的习惯、感情以至语言，离不了民族的历史发展②，这一时期出现了许多优秀的双簧管音乐作品，如作曲家黎国荃改编的《牧羊姑娘》，双簧管名家祝盾改编的《脚夫谣》，作曲家辛沪光创作的《黄昏牧歌》等。20世纪50年代在作品的创作上小有成果，基本都是改编自我国传统民族民间音乐，或者以某一传统民族民间音乐的乐思或者旋律作为创作的音乐主题进行展开，具有鲜明的民族特色与风格，同时在北京举办德国双簧管演奏家魏切西、捷克双簧管演奏家亨邓塔专家训练班，为我国系统地培养了较早一批双簧管人才，但这一时期的作品仅局限于改编与移植；60年代，双簧管在中国的发展遭遇了严冬，进入停滞阶段，70年代才开始恢复与发展；直至80年代开始走上正轨，以1984年沈阳音乐学院双簧管全国教学经验交流会议为发端，不仅在音乐形式上还是音乐内容上都逐渐成熟，出现民族精神的转化，真正进入作品创作期，譬如作曲家王西麟的《思》，

① 宋鹏:《对我国双簧管艺术民族化的理性思考》，载《音乐创作》，2016年第7期。

② 毛泽东:《同音乐工作者的谈话》，载《人民日报》，1979年9月第1版。

李延生创作的《大青山之歌》和双簧管演奏家王小寿创作的《天山的歌儿向北京》等[①]；90年代开始，双簧管作品被注入了更多活跃的思想，更加多元的音乐技法、民族特色，例如作曲家赵季平创作的《陕南素描三首》，作曲家安国民创作的《庆丰收》等，国内各地开始相继举办双簧管国际艺术节以及高峰论坛等活动，自发成立了很多地方性的双簧管研究会[②]。而双簧管作为一种外来文化，当其进入中国发展之后，需要走上本土化、民族化的道路，更需要把双簧管艺术创作深深扎根于中国文化之中，关注地方整体文化历史与内涵，把握音乐演奏中表演者、作曲者、观众等参与人群的互动与理解，这样才能在双簧管演奏民族音乐的过程中认识文化差异，消除文化偏见，尊重包容文化多样性。

一、双簧管研究动态

（一）乐器的相关研究

在双簧管艺术发展史上一直与其息息相关的便是它的主体发音部分——“簧片”，因为双簧管是通过簧片振动带动管身空气柱而发音的，所以簧片的优劣很大程度上影响着演奏效果。在朱同老师的《论双簧管的簧片制作》和《双簧管簧片与乐器的关系》中，强调簧片的选择与精修，只有有了对簧片量体裁衣的过程，演奏者才能进一步把簧片、乐器、口风与自身条件相结合。但与此同时，也必须更多的关注音乐的表现，不能忽视音乐的真谛，只有当音乐内涵主导演奏，簧片的制作才真正成为

① 杨光：《双簧管音乐创作的民族化》，载《音乐创作》，2018年第12期。

② 王斌：《双簧管教学在中国发展的前沿动态》，载《黄河之声》，2004年第6期。

乐趣[①]。龙秦老师的《论双簧管簧片的类型、制作及其与演奏实践的关系》不仅对簧片的历史、制作工序等有详细的介绍，同时更突出演奏者的实践与簧片的相互适应关系，双簧管的簧片无论是在独奏或是乐队演奏中，对演奏者来讲都是非常重要的。不同类型的簧片在不同的场合，不同的人中发挥不同的作用，只有从不同的角度、不同的方式上来对簧片进行不同的选配，针对多种多样的音乐内容和形式采取不同的应对，才能使演奏者能够更好地表现出作品的特色[②]。双簧管作为管弦乐器，在演奏技法上，亦需要精心的考量与计算。赵保平老师的《从生理学角度看双簧管演奏的呼吸》第一次从生理学上阐述了关于双簧管气息练习方法，因为所有乐器的演奏都是演奏者的大脑和身体器官相配合的一项复杂的生理机能运动[③]。除了对双簧管气息的控制，朱同在《论双簧管指键的发展及指键结构与演奏的关系》一文中，亦强调指键发展的历史、成因以及指键结构对演奏的影响[④]；刘忠春的《呼吸在双簧管演奏与教学中的应用》则认为除了要求听觉器官及手指相应的动作外，更需要呼吸器官、唇及舌的特别协调动作。呼出的气流促使发音体的振动，决定了音质的形成，也就获得声音艺术最基本的素质[⑤]。

对于乐器本身的研究亦包括乐器的形制史及艺术研究，例如朴长天老

---

① 朱同：《论双簧管的簧片制作》，载《乐器》，2008年第12期。

② 龙秦：《论双簧管簧片的类型、制作及其与演奏实践的关系》，上海音乐学院硕士学位论文，2005年。

③ 赵保平：《从生理学角度看双簧管演奏的呼吸》，载《交响——西安音乐学院学报》，2005年第1期。

④ 朱同：《论双簧管指键的发展及指键结构与演奏的关系》，载《南京艺术学院学报》，2008年第2期。

⑤ 刘忠春：《呼吸在双簧管演奏与教学中的应用》，载《天津音乐学院学报》，2000年第3期。

师的《浅谈双簧管的历史及演变》和魏卫东老师的《双簧管的起源和发展》，大致梳理出乐器本身的历史流变与发展，即其从14世纪初出现，一种次中音肖姆——蓬巴德（Bombarde）被称为老式双簧管。到了16世纪，除了尺寸大小不同的肖姆在军乐中使用外，还出现了一些合奏型双簧乐器。17世纪中叶，法国将一种较小的肖姆做了改进后命名为双簧管（Hautbois），至此，真正的双簧管（Oboe）问世。1825年，维也纳宫廷乐师约瑟夫·塞尔纳（Josef Sellner）发明了十三键双簧管，极大地推动了其发展速度①。艺术融于历史，历史推动着艺术的发展，双簧管的艺术研究更是在学术研究中占有重要位置，例如魏卫东和鲁冠恒老师的《“巴洛克音乐”对双簧管艺术的影响》、朴长天老师的《双簧管演奏中的音乐表现与音乐风格》《论双簧管演奏艺术》等，将双簧管的演奏嵌入历史的长河中，阐述巴洛克时期、古典乐时期、浪漫派时期双簧管艺术的音乐风格，并回归曲作者的时代背景、社会背景，探寻雕刻在他们身上多元的音乐语言与表现力②。

（二）演奏者及教学的相关研究

从总体上看，我国双簧管教学研究工作真正的起步是在20世纪80年代，至今还有诸多教学理论有待学界研究。虽然，在器乐教学中“言传身教”的模式一直被延续，且也最为实用，但同其他西洋管乐一样，在双簧管艺术研究中如何将“实践转化成理论，再根据理论更好地指导实践”也是我国乐界人士值得思考的问题。甄晓老师的《双簧管教学漫谈》《双簧管教学中值得注意的几个问题》，还有朱同老师的《双簧管的演奏风格》

① 魏卫东：《双簧管的起源和发展》，载《乐器》，2004年第6期。

② 朴长天：《双簧管演奏中的音乐表现与音乐风格》，载《贵州民族学院学报》（哲学社会科学版），2001年第2期。

等论文分别从双簧管演奏基本训练、教学实践及表现风格等方面系统阐述了双簧管教学体系[①]。而朴长天老师的《关于演奏心理学在双簧管教学中的运用》和杨华玉老师的《论双簧管的演奏心理》，更是少有的将表演心理学融合到双簧管教学中，重点论述了双簧管演奏中，心理活动对其的影响，音乐艺术对人的影响特别深刻，这是由于音乐与人的心理发展有着非常悠久的关系。演奏者自己对音乐的体会愈深，他的演奏的表现技术和艺术性就愈完美，给听众的音乐感受也就愈充分，听众也就愈能得到高度的美感享受[②]。

双簧管的演奏除了独奏之外，亦包括置身于乐队的合奏，杨华玉老师在《试析双簧管演奏者的乐队角色意识》一文中更强调演奏者在乐队中的角色意识，因而置身于乐队中的双簧管演奏者需要个体控制意识及群体协调意识的“一致”，认清自己的地位和作用。在与其他乐器组的同场演奏中，要根据不同音乐作品的表现需要，高度重视吹奏中力度幅度的控制和音量的平衡，同时要细心把握音色的融合度，充分协调好各种乐器之间的主次位置和轻重缓急关系[③]。

音乐的表现是通过演奏者来传达的，不管是独奏中的位置，抑或是在不同编制和规模的乐队中担当一个称职的角色，演奏者自身的意识控制、所受的外界影响均杂糅在所呈现的作品中，所以演奏者自我的定位及与艺术环境的磨合在音乐表达过程中是一个重要的环节。

---

① 张卡：《20世纪80年代以来中国双簧管艺术研究综述》，载《黄河之声》，2012年第15期。

② 朴长天：《关于演奏心理学在双簧管教学中的运用》，载《民族教育研究》，2003年第3期。

③ 杨华玉：《试析双簧管演奏者的乐队角色意识》，载《音乐探索》，2014年第2期。

（三）双簧管的民族化研究

双簧管真正进入中国是在建国之后，而双簧管艺术毕竟是一种外来的器乐艺术形式，因而民族化、本土化的论题在学者中便展开了深入的探讨。

首先，王斌在《双簧管教学在中国发展的前沿动态》中为我们总结双簧管的发展概况，其实双簧管在我国的发展并不长久，20世纪30年代才开始接触这种西洋乐器，早期的双簧管教学体系也并不完善，需要向国外借鉴、学习。例如20世纪50年代在北京举办的德国双簧管演奏家魏切西、捷克双簧管演奏家亨邓塔专家训练班，为我国系统地培养了较早一批双簧管人才。之后通过周总理号召的音乐艺术与创作要走“革命化”“民族化”“大众化”道路以及会议的影响，涌现一批或改编或创作的优秀的双簧管本土化曲目，像《草原上》《春天的歌》《牧羊姑娘》《十八板》等。而类似通过什么形式，使用什么方法，需要做什么工作去实现这一问题，仍然还在讨论之中，而在这些讨论中，所酝酿出的关于教学的思考，酝酿出看待本土化问题的不同角度与阐述，都是双簧管在我国民族化道路上的铺垫[①]。

双簧管作为一种管弦乐器，在西方交响乐中占据重要位置，而在中国唢呐作为与其发声原理一致，亦为极其相似的一类乐器，在中国传统音乐中亦占据不可替代的位置，不同的生长环境造就了它们不同的发展轨迹。在孙磊的《中西方双簧乐器演奏艺术比较研究》一文中，作者从历史发展、社会文化背景、习俗、宗教、形制、演奏技法等方面，对具体的中西

① 王斌：《双簧管教学在中国发展的前沿动态》，载《黄河之声》，2004年第6期，第28页。

方乐器进行比较，从而进一步提高对中西方音乐文化不同的认识[①]。当我们在鉴赏双簧管演绎中国传统音乐时，当双簧管中国化、民族化的进程不断发展时，我们必须首先立足于中华民族传统音乐、中华民族本土文化之上，正如赵保平教授简评《陕南素描三首》的文章中说的一样，“中国的音乐文化，常常表现出浓厚的人文地域色彩”，对笔者而言，这不仅仅是研究、认识中国传统音乐的立足点与切入口，更是一把打开关于双簧管民族化大门的钥匙。[②]

除了乐器本身的对比，甄晓、杨华玉在《传承和发扬中国民间音乐精粹——双簧管改编和演奏民歌的感受与体会》一文中通过叙述山西民间音乐编创双簧管的独奏作品，强调民族的旋律风格需要演奏技法的配合，尤其是像利用西方乐器演奏中国传统曲调的情况。两种文化态度下的衍生品（音乐）如何融合、创新，需要我们不断探索，实践改进，并且在创编、演奏中，需要审视本土文化来探寻我们欣赏、理解世界的独特视角。同时思考其他民族是如何欣赏和解释世界的，并在此基础上通过寻求差异而进一步升华音乐文化在人民生活中的意义[③]。在宋鹏的《对我国双簧管艺术民族化的理性思考》中，作者更深入地阐释其对民族化命题的理解，认为我们不能简单的理解成为一种改变或者同化，而应该将其视作一种融合。也就是说，我们在对待和处理双簧管民族化这一艺术课题或者命题时，不应具有过于强烈的“本位思想”，武断的把双簧管民族化的主题与目的设

---

① 孙磊：《中西方双簧乐器演奏艺术比较研究》，中央民族大学硕士学位论文，2009年。

② 陈畅：《改革开放以来我国双簧管理论研究现状与评述（1980—2016）》，武汉音乐学院硕士学位论文，2017年。

③ 甄晓、杨华玉：《传承和发扬中国民间音乐精粹——双簧管改编和演奏民歌的感受与体会》，*EXPLOPATIONS IN MUSIC* 2011.02

定为“增添一件乐器”，所应采取的方式是在保证双簧管自身艺术属性、艺术特色与艺术魅力的基础之上，融入我国的传统民族音乐特质与特色，从而形成一种具有独特魅力的双簧管音乐表现风格与特色[①]。例如韩伟在《20世纪下半叶中国双簧管民族化初探》中指出“民族化”与“双簧管化”相结合对于中国双簧管音乐创作具有的启迪性意义，以及研究并推广这些具有鲜明的民族风格特征的双簧管作品的重要意义[②]。

综上，国内对于双簧管的研究大多集中于从音乐学的角度，在形制、演奏技法、形制发展史、教学实践等层面进行深入的研究，在民族化与本土化的论题上，尽管关注到双簧管与民族音乐的融合关系，但这种研究相对静止，把西方乐器演奏民族音乐的研究看成是一个静态的、固定的状态，缺少动态的、发展的音乐人文方面的研究。除了音乐本体之外，音乐主体之间的互动、音乐行为发生的场域以及音乐现象产生的过程则更成为一个较好地突破口，尝试双簧管之“形”和民族音乐之“神”的有机结合。

二、音乐人类学理论

音乐人类学（Anthropology of Music）是1964年由美国音乐学家梅里亚姆（Alan P.Merriam）正式建立的学科，注重探讨音乐演奏中表演者、作曲者、观众等参与人群的互动过程，从这一角度来看，音乐是不同地域、不同历史、不同文化中的复杂的、特殊的、不断变化的人类情感的体现。正如梅里亚姆在《音乐人类学》一书中宣布的那样：“音乐人类学

① 宋鹏：《对我国双簧管艺术民族化的理性思考》，载《音乐创作》，2016年第7期。

② 韩伟：《20 世纪下半叶中国双簧管民族化初探》，福建师范大学硕士学位论文，2007年。

家的目标不仅是理解作为构造性声音的音乐，还有理解作为人类行为的音乐。”① 例如巴肯在《死神与新生物的音乐：在巴厘岛加麦兰贝利干加世界的体验》（*Music of Death and New Creation*：*Experience in the World of Balinese Gamelan Beleganjur*）作品中，挑战传统的音乐人类学定义——音乐与文化的关系模式，研究音乐怎样活在创作和体验音乐的人们的生活中及人们怎样生活在他们创作的音乐中，把焦点转向“音乐”与“人”的关系②。因而，当我们跳脱出音乐学这一单一学科的视角时，会发现不仅仅是音乐本身，其更多的是一种动态的，与各主体互动的过程，斯摩尔最为重要的主张是通过名词Music到动词Musicking的转换，告诉我们音乐演出其实是通过音乐演奏这样的行为实现了各类人群之间的相互作用。也即是说，音乐演出并不是音乐的创作者、演奏者单方面对听众、观众施加影响，而是一个包括创作者、演奏者、传播者及听众等在内的人们之间相互作用的行为③，他们之间的对话与互动构成一个社会“场域”，场域中的各主体互动、对话协商的结果形成新的观念或巩固原有观念而进一步制约行为。

同样当我们研究双簧管演绎民族音乐时，不仅要关注到音乐本体，更要关注到具体的人及其行为间的互动，双簧管的演绎者、作曲者、听众之间，对于音乐的产生均有不同的诠释。演绎者在理解双簧管构造，学习掌握双簧管的吹奏技巧和音乐语言的情况下，吹奏民族音乐，而民族音乐的

---

① ［美］艾伦·帕·梅里亚姆著，穆谦译、陈铭道校：《音乐人类学》，人民音乐出版社，2010年第49页。

② Michael B.Bakan：*Music of Death and New Creation*：*Experience in the World of Balinese Gamelan Beleganjur*，The University of Chicago，1999.

③ 张曦：《音乐研究诸理论与民俗·民族音乐》，载《理论探索》，2013年第3期。

演绎，则需要演奏者真正站在本民族深厚的民族传统上进行创作，此时的演绎者拥有着双重特性，即“本土化”与“双簧管化”的结合。“本土化”是指与中国传统音乐文化紧密结合，不仅注重文化意蕴，而且强调民族风格。“双簧管化”是指适合演奏者用国际的乐器来演奏，并能够突出双簧管乐器的性能和音色；而民族音乐的创作者不仅扎根于民族文化，同时试图寻找将民族音乐不断发扬光大的途径，试图将民族音乐艺术推向多元化的道路；听众更是在演绎者与创作者的基础之上，带着自己的情绪、感官感受音乐艺术，从而形成不同人的音乐，不同概念的音乐，不同行为的音乐，而这一思维的转变不仅在音乐学方面与人类学方面搭建了桥梁，同时实现了两者的对接。

其次，梅里亚姆认为音乐学把音乐构作一个封闭的系统脱离产生它的文化背景进行音乐固有的法则和规律的探讨，而人类学认为应持一种整体观来看待音乐与文化的关系，在人类学视野下音乐应该被认知为“文化中的音乐”。在时间、空间和社会中运动的生物体不只有人类，而人类的独特之处在于拥有文化，梅里亚姆对文化有独到的理解，他把文化理解为“人类累积的习得行为”①，而累积的习得行为必然排除那些遗传而来的行为，这样音乐人类学便与生理学和普通心理学的研究对象区别开来。累积的习得行为还区别于个人生活中反复发生的行为。“累积的”说明是历史地形成，既体现在一个特定社会的大多数成员的反复发生的行为中，也体现文化代际相传的特性②。至20世纪80年代，美国音乐人类学家蒂莫

① ［美］艾伦·帕·梅里亚姆著，穆谦译、陈铭道校：《音乐人类学》，人民音乐出版社，2010年第49页。

② 王帅红：《梅里亚姆、内特尔音乐人类学理论的比较研究》，复旦大学博士学位论文，2014年。

西·赖斯（Timothy Rice）在梅里亚姆的基础上创建了“历史构成、社会维护、个人创造和经验”相互作用的音乐研究模式，进一步完善了音乐人类学研究的理论模式及方法，他强调音乐与文化背景的密切关系，提出音乐研究应该重视音乐形成的历史、社会及个体因素，音乐产品与主体人以及历史、文化语境是相互作用的关系，从而形成互视性、反思性的分析研究。

当双簧管这一西方乐器本土化时，我们既不能够脱离其产生的文化背景，亦不能脱离其输出的文化背景，民族音乐有其自身的体系，而用西式乐器进行演奏时，我们需要将其放置在一个整体进行创作，单一的面向或者孤立地发声并不会产生相融的效果，因而就需要我们用“器”“乐”“人”相结合的方式去理解“本土化”音乐和“国际化”乐器的“形”“神”合一，从而加深对于“音乐是什么、为什么、怎么样”的理解。

最后，我们需要关注到的是，以往的西方音乐学相关研究均局限于本质主义，试图用定义的方式来认识音乐艺术，但往往只能认识到其中的某一方面或者某一特性，而不能认识音乐整体，因为本质主义相信存在一个超越文化、超越民族、超越地域、超越历史的客观、普遍的永恒本质，例如《美国学院词典》中，将音乐定义为“一种时间中的声音的艺术，它通过节奏、旋律、和声和色彩等要素在其有效形式中表达思想和情感”[①]。本质主义音乐观念试图将一种预设好的普世性观念投射到音乐现象中，假想音乐摆脱其生成的历史、文化语境。与此同时，以科学合理性为基础的近代化及现代化的有意无意的推进，再加上市场化经济行为追求普遍性倾向

① ［美］艾伦·帕·梅里亚姆著，穆谦译、陈铭道校：《音乐人类学》，人民音乐出版社，2010年第49页。

的泛滥，在相当的程度上忽视音乐现象的特殊性，甚至会赋予音乐现象以时间先后关系[①]，这就使得音乐成为单一的、静态的现象，以西方合理性为标准的统一化，让音乐现象与社会文化语境相分离，逐渐落入本质主义的窠臼。相反，我们应该跳脱出音乐本质主义的桎梏，合理性不是唯一，任何文化在价值上都是平等的，不管是西方的还是非西方的，不管是中心的还是非中心的。梅里亚姆“文化中的音乐”的认识论基础实质为文化相对主义，英国学者西摩讷·克鲁格（Simone Krüger）也曾提出一个音乐民族学的概念模式，她认为学习民族音乐有助于人们认识文化差异、消除文化偏见，这里表明了音乐人类学中持有的文化相对主义（cultural relativism）观点。这也说明了以音乐人类学的方法研究中西音乐融合也许有助于我们认识、尊重和包容文化的差异性，并最终形成文化的多样性[②]。

综上，梅里亚姆关于音乐人类学的理论不仅在传统音乐学的基础上看到了“人”作为音乐主体这一层面，其行为与各主体之间的互动，不断形构着音乐的形式与内容，让我们真正观察到作为能动性主体的人是如何生活于其所创造的音乐之中，他们的行为、概念是如何让音乐实现多元化对接。同时，梅里亚姆跳脱出封闭的音乐系统，将其置于一个整体的文化社会背景中进行研究，关注其形成的历史、社会、个体因素，以及音乐产品与主体人和历史、文化语境相互作用的关系，从而让音乐人类学的分析研究更具有互视性与反思性。不仅如此，梅里亚姆亦突破音乐本质主义的单一命题，尤以多元文化中的文化相对主义观点为代表，帮助我们认识文化

① 张曦：《音乐研究诸理论与民俗·民族音乐》，载《理论探索》，2013年第3期。

② 张曦：《音乐研究诸理论与民俗·民族音乐》，载《理论探索》，2013年第3期。

差异，消除文化偏见，尊重包容文化多样性。

三、结论

在全球多元化发展潮流的推动下，双簧管作为西方乐器，在演奏西方音乐的步调下，不断地接触来自世界各地的音乐，尤其当其引入中国之后，扎根于本土的传统民族音乐亦在寻找新的演绎创作途径，与双簧管的碰撞便在不知不觉中成为音乐创作的新可能。然而就国内现有关于双簧管的文献中，我们发现，其大多均关注乐器本身，例如形制及其发展历程、演奏技法、呼吸技法、弹奏技法、教学实践等层面，而在民族化、本土化的论题上，作者大多将双簧管与民族音乐当作两个独立的部分，试图尝试融合与互动，然而这种观点较为片面与孤立，因而本文试图通过运用梅里亚姆的音乐人类学理论，窥探动态的、发展的音乐主体之间的互动、音乐行为发生的场域以及音乐现象产生的过程，使之成为一个较好地突破口，深入探究双簧管之“形”和民族音乐之“神”的有机结合。

从音乐人类学的视角来看，梅里亚姆在音乐学的基础之上，让“人”这一能动的主体成为音乐研究的切入点，他认为“要了解为什么一种音乐构造以它现有的方式存在，我们必须了解产生它的那种人类行为的形成过程及原因，还有为了产生所需的特定声音组织形成，作为这种行为基础的那些观念是如何被组织的，又是为什么这样被组织的”[①]，其行为与各主体之间的互动，不断形构着音乐的形式与内容，让我们真正观察到作为能动性主体的人是如何生活于其所创造的音乐之中，他们的行为、概念是如何

① 王帅红、凌珂：《梅里亚姆音乐行为理论研究》，载《音乐创作》，2018年第4期。

让音乐实现多元化对接；与此同时，梅里亚姆将音乐放置于一个社会文化背景中进行研究，以一个整体的视角，试图打破孤立的认知状态，赖斯更是在梅里亚姆的基础之上，补充了将历史建构、社会维持、个人创造与体验三个维度的关系修改为相互作用与相互反馈的双向关系。在这个模式中，历史建构、社会维持、个人创造与体验每一个角度都包含着梅里亚姆的研究模式，并成为更为开放的研究模式①，从而让音乐人类学的分析研究更具有互视性与反思性；不仅如此，梅里亚姆更是突破音乐本质主义的单一命题，认为我们不仅要关注“音乐是什么”，更要抓住“为什么会产生怎么样的音乐”，不同文化、社会下的音乐是如何产生多样的音乐艺术，他们是如何相辅相成，连接成“一条相通的道路”，其中尤以多元文化中的文化相对主义观点为代表，帮助我们认识文化差异，消除文化偏见，尊重包容文化多样性。

综上所述，通过双簧管演绎民族音乐的创作，需要我们不仅仅关注双簧管和民族音乐本身，更多的是双簧管演绎情境中的人，他们是如何把握、推进双簧管之“形”与民族音乐之“神”的有机结合，站在什么社会、文化背景之下，以什么样的姿态面对“本土化”与“国际化”相结合的艺术创作，在这一基础之上，才能真正把握艺术创作中的知识与脉络。

---

① 熊晓辉：《论梅里亚姆“文化中的音乐研究”》，载《贵州大学学报·艺术版》，2010年第3期。

双簧乐器在宗教仪式音乐中的体现

肖杨新（江西师范大学音乐学院）
张　强（成都大学东盟艺术学院）

美国人类学家克利福德·格尔兹对于宗教做了如下定义：“通过形成一个一般存在的观念，作用在人身上，目的是建立强有力的，普遍的，持久的情感和动机的这样一种文化象征体系，将这些文化体系相应覆盖在这些观念上，使得这些情绪和动机有了一种独特的真实氛围。”[①] 简单说，就是人们通过仪式，去建立一个逼真的世界，将世俗生活与宗教领域的精神世界连为一体。宗教仪式被描绘成为某种场合并有着专门程序的一种正式的行为。首先且最为重要的作用就是将信仰引入一个神秘的（非现实的）存在的力量[②]，这意味着宗教信仰的具体实施的方式。比如宗教仪式中的宗教音乐，在整个宗教仪式过程中音乐起着重要作用，通过音乐氛围帮助人们传达宗教教义，使得仪式与宗教信仰形成一个整体。

双簧乐器在世界各地仪式文化中发挥着重要作用，这其中很大一部分包括宗教仪式。随着宗教的传播，双簧乐器变得非常普遍。在世界各地都

① Clifford Geertz：*The Interpretation of Cultures*，New York：Basic Books，1973：90.

② Victor Witter Turner：*The Ritual Process*：*Structure and Anti-Structure*，New York：Aldine de Gruyter，1995：79.

可以找到具有不同形制，大小不一的双簧或多簧的乐器。虽然他们大都有着不同的名称，但千百年来，不论双簧乐器与何种文化进行交流结合、发展变化，都是仪式音乐的重要组成部分。欧洲双簧管的几个种类、印度双簧乐器纳达斯瓦拉姆，中国唢呐有着同族渊源，地理上虽然相隔甚远，却有着相似的发展轨迹，都是每种文化中不同宗教音乐的重要组成部分。本文是基于文化历史背景下，对这三类乐器从宗教仪式角度进行研究。对于了解双簧乐器的起源和发展，双簧乐器与宗教意识形态的关系，了解双簧音乐在人类文化历史发展中的位置和作用，以及双簧乐器在当下文化中所发挥的功能有所帮助。

一、双簧乐器在基督教仪式中的体现

笔者试图论述欧洲双簧管在基督教会音乐中的表现时，约翰·塞巴斯蒂安·巴赫的音乐作品快速映入眼帘。虽然巴赫也留下了一些专门为独奏双簧管创作的音乐，但是以传播基督教义的声乐宗教体裁康塔塔中，双簧管以及双簧管家族中的一些乐器有着非常出众的表现，尤其是在神圣和世俗的颂歌中有超过200部作品（包括清唱剧和耶稣受难曲）是以双簧管、柔音双簧管或狩猎双簧管（英国管的前身）为主要独奏乐器的。另外，在巴赫供职最长的魏玛宫廷时期，笃信路德宗，在礼拜仪式中极为重视宗教音乐①，也诞生出了许多有双簧管助奏②的咏叹调。其中173首包含双簧管助奏的咏叹调中有56首是女高音，49首是女中音，40首是男高音，28

① 吕常乐：《巴赫早期康塔塔风格形成的宗教文化语境——礼拜仪式与世俗庆典》，载《黄钟》（武汉音乐学院学报），2018年第4期。

② obligato，指一部音乐中，重要的完全不能缺少的声部，和伴奏不同。

首是低音[①]。这些咏叹调大部分来自巴赫神圣的颂歌。而这些使用18世纪的管弦配器法是以系统连接乐章中富有感染力的声乐声部和器乐助奏声部来表现宗教情感为目的的。器乐助奏声部能够同声乐一样在咏叹调中自由进出。歌词的文本结构在很大程度上限制了作曲家对曲式和乐器的选择，不仅如此，在巴赫的作品中，康塔塔作为一种音乐布道，对所使用的乐器的阐释能力提出了非常高的要求，要求文字和音乐尽可能直接表现具像。尽管音乐是一种抽象语言，但为了能够清晰表达含义，巴罗克时期的作曲家的共同追求是希望将乐器功能扩大化和形象化，最好是能够让受众群体感应到画面感。具有宗教性质的文本，通过视觉表达抽象概念，然后转化为声音，器乐同样要求能够建立形象画面感，以达到易于感受，传播教义的目的，这是巴赫在康塔塔的管弦乐创作中的一个独特特点。

在巴洛克时期主要有三种配器类型：第一种是堆叠器乐配器法；第二种是通奏低音配器法，强调高音和低音的音区对比；第三种是对位配器法，其特点是注重声乐部分和同样重要的器乐助奏声部声音的平衡。巴赫的康塔塔使用第三种配器法编配进当时盛行使用的乐器来表述道义。约翰·马西森（Johann Matheson）在《低音管弦乐队》一书中对双簧管的特点进行描写："她是最接近人类声音的乐器。以声音的方式和风格来演奏，以歌唱艺术的科学发声法来进行演奏，当然这需要高超的技巧。"所以在巴赫198部教堂康塔塔中仅有62部没有使用双簧管，使用双簧管助奏形式的康塔塔比用小提琴助奏形式的作品还要更为多样化。为便于了解康塔塔中双簧管的不同助奏配器方式，涉及双簧乐器家族助奏的作品归纳列于下

① Rachel Michelle Messing, J. S. Bach's: *Arias for Soprano and Oboe Obbligato*: *The Oboe Family's Vital Role in the Expressive Dialogue*, Phoenix: Arizona State University, 2017: 1.

表，择其几首进行介绍：

为一只双簧管、女高音和通奏低音而做的咏叹调	BWV.21.29.31.32.72.84.89.93.98.105.127.132.193.187.202.233.246.248
为一只双簧管、女中音和通奏低音而做的咏叹调	BMV.12.22.44.48.79.102.114.159.176.185.214.235
为一只双簧管、男声和通奏低音而做的咏叹调	BMV73.75.166.188.235.236.244.56.78.82.85.152.159.197
为二只双簧管、女高音和通奏低音而做的咏叹调	BMV77.85.86.97.204
为二只双簧管、女中音和通奏低音而做的咏叹调	BMV43.109.174.214.245
为二只双簧管、男声和通奏低音而做的咏叹调	BMV38.94.126.135.142.245① .14
为三只双簧管、女高音和通奏低音而做的咏叹调	BMV42.52
为三只双簧管、女中音和通奏低音而做的咏叹调	BMV148
为三只双簧管、男高音和通奏低音而做的咏叹调	BMV176.92.20
为三只双簧管、男低音和通奏低音而做的咏叹调	BMV26.68.101.208
为一只柔音双簧管或狩猎双簧管、女高音和通奏低音而做的咏叹调	BMV1.74.75.92.94.95.144.177.183.210.243.248
为一只柔音双簧管或狩猎双簧管、女中音和通奏低音而做的咏叹调	BMV6.27.64.100.110.112.115.116.129.136.147.151.154.193.197.205.213.248.249② .232

① BMV245的附录。

② BMV249的附录。

续表

为一只柔音双簧管或狩猎双簧管、男高音和通奏低音而做的咏叹调	BMV8.36① .88.121.124.157.163.168.201
为一只柔音双簧管或狩猎双簧管、男低音和通奏低音而做的咏叹调	BMV.69.108.197② .248
为两只柔音双簧管或狩猎双簧管、女声和通奏低音而做的咏叹调	BMV9.95.107.179.183.244.87.92.120.133.154.206.244
为两只柔音双簧管或狩猎双簧管、男声和通奏低音而做的咏叹调	BMV24.36.104.117.119.123.168.178.248.65.81.113.232

毫无疑问，巴赫作为作曲家频繁使用双簧管，独奏双簧管片段大量出现在咏叹调中，宣叙调和二重奏中也偶尔会使用，这足以证明作曲家非常满意当时演奏家的演奏技术和双簧管乐器的表现力。

当时使用的巴洛克双簧管是萧姆（Shawm）家族的后裔，与现代双簧管一样使用双簧片和六个指孔，有两种型号使用较多：三键和两键，其中后者使用居多。

图1　两键的巴洛克双簧管
（图片来源：印第安纳公共媒体网站 | indianapublicmedia.org）

① BMV36的附录。

② BMV197的附录。

到1700年，巴洛克双簧管被公认为是唯一的高音簧片乐器，进入教堂为宗教服务。在此之前，双簧管仅在军乐队中演奏。毫无疑问，巴赫开拓了这种乐器的演奏技巧。他使用双簧管有两方面原因：一方面是充当协奏，另一方面是充当助奏。的确，在当时除了小号，双簧管的音量比其他任何乐器都要响亮和猛烈。作为一种协奏乐器，它既可以支撑起圣歌旋律，音量又比小提琴占优势。巴赫能够将它与其他所有管弦乐音色结合，甚至与小号和圆号一同竞奏。巴洛克双簧管的音域是c^1–d^3，尽管巴赫在作品BWV 43、128和192中将她提高到了e^3，但是有些半音还是比较难演奏，所以也有一种说法：在魏玛期间（1708—1718），巴赫似乎用过B调和A调的乐器。

柔音双簧管（oboe d 'amore）是高音肖姆乐器的延伸，但这种乐器在巴赫去世后就很少使用了，它在管弦乐中的作用被当时刚刚开始发展的单簧管取代了。巴赫几乎总是将柔音双簧管作为一种助奏乐器，并结合各种歌词，通常具有温柔和抚慰的性质。但这种乐器很少出现在纯器乐环境中。

狩猎双簧管① 是肖姆家族的中音后裔（图2）。与现代的英国管不同，它的身体是弯曲的，由木头制成，下部是宽大的金属或木制的喇叭口。音色较低沉，音域f–g^2。巴赫常使用狩猎双簧管作为独奏，因为在他的作品中需要次中音声部，首次使用狩猎双簧管是在1723年3月26日的《约翰受难曲》中，巴赫在二十二个独奏咏叹调中也使用狩猎双簧管作为助奏②。

---

① 狩猎双簧管（Hunting oboe），也叫双簧管达卡其（oboe da caccia），比双簧管低五度，主要用于欧洲巴洛克时期音乐。

② Haynes：*The Eloquent Oboe*，New York：Oxford University Press，2007：380–382.

图2 狩猎双簧管
（图片来源：Oboe da Caccia；Englischhorn|http：//www.mimo-db.eu/InstrumentMaker...）

还有一种叫Taille的双簧乐器，它的尾部是直的形状，类似于高音双簧管，巴赫将它用在合奏中了。狩猎双簧管和Taille都是F调。巴赫大约在1717年几乎为一半的欧洲双簧管家族乐器创作独奏曲，并谱写了这些包含双簧乐器独奏的咏叹调。

双簧家族乐器在康塔塔中使用的情况也较多，如巴赫的作品BWV187。这首曲目的主题是相信上帝会提供我们所需要的东西。巴赫最常用作助奏的两种乐器是双簧管和小提琴[①]。但这段咏叹调中省略了弦乐，只剩下高音、双簧管和通奏低音。双簧管在巴赫的康塔塔中的地位像管弦乐一样，即经常在咏叹调中扮演独奏或助奏的角色。助奏意味着乐器变得不那么像伴奏，更多的是像与声乐进行二重唱。著名的双簧管演奏家

① Ignace Bossuyt：*Johann Sebastian Bach*，*Christmas Oratorio*（*BWV 248*），translated by Stratton Bull，Leuven University Press，2004：54.

阿尔布雷希特·梅尔在接受采访时也表示，巴赫也认为双簧管音色相当于人声①，以至于更多地让双簧管家族的乐器承担助奏角色。双簧管的助奏声部旋律线和女高音声部有所区分，一般是一条独立旋律线或是作复调对比，通过在助奏声部连接起声乐和通奏低音声部。在所有女高音和双簧管助奏的咏叹调中，小调音乐居多。所以我们可以推测双簧管及柔音双簧管、狩猎双簧管的音色可能更适合哀叹和绝望，而不是欣喜。

康塔塔作品1号是一部圣母玛利亚节日的合唱大典，于1725年在棕榈星期日首次在莱比锡演出。这首作品始终充满了对信仰乐趣的赞美和宣言。在这一首作品中巴赫赋予了狩猎双簧管（双簧管达卡其）乐器精湛的表现空间，其中包括连续的十六分音符和一些乐曲感情变化。巴赫将这种乐器用于助奏，主要是为了传达更深的情感。

康塔塔作品21号为圣三一后的第三个星期日而作（Cantata for the 3rd Sunday after Trinity，图3）。第一部分第三曲双簧管与女高音的咏叹调是一首非常暗淡，以悲伤为基调的作品。这首咏叹调作品来自巴赫早期的康塔塔作品，作于1714年。整部康塔塔总体比其他大合唱长，分为两部分。第一部分，非常伤感，哀叹“我心中的痛苦”。在第二部分，叙述者通过对上帝的信仰和信任，摆脱了这种痛苦②。这首咏叹调正处于第一部分的痛苦之中，歌词包括叹息、眼泪、悲伤等等。整个咏叹调由双簧管主奏，女高音和通奏低音三个声部构成。双簧管首先演奏出痛苦、哀伤的主题。女高音声部重复主题时，音乐根据唱词被割裂成一小段一小段，就像是歌手在抽泣。声乐抽泣间隔中，双簧管填补了沉默，模仿女高音，就好像双

---

① Aaron Grad：*In Their Own Words with Albrecht Mayer*, *The Double Reed 33*, 2010（1）：92.

② Bach：*Lord my god*, *my heart and soul were sore distrest edited by Paul Brainard*, [music score], *Urtest of the New Bach Edition*, VII.

簧管代表叙述者表达悲伤，用叹息的音调来描绘绝望。咏叹调以小调为主，充满了不和谐，对应一种个人痛苦的表达。

图3 Bach，Bwv 21 Cantata for the 3rd Sunday after Trinity

康塔塔作品199号是巴赫1714年为基督教圣三一之后的第三个星期日创作的，并于1714年8月12日在魏玛城堡教堂首演①。双簧管与独唱女高音的咏叹调“沉默的叹息，无声的抱怨”，最初将双簧管定位在d小调上，但也有部分出版的乐谱将双簧管移到了c小调上。这部康塔塔的歌词都是

---

① Bach：*My heart is bathed in blood BWV 199*，[music score]，stuttgarter Bach-Ausgaben · Urtext，4.

以第一人称来演唱的，和康塔塔BWV21一样，也是从悔恨、忏悔走向拯救和欢乐的。这首咏叹调是康塔塔的第二首，前面有一个长的宣叙调，上面写着："啊！闻所未闻的痛苦！我枯萎的心找不到安慰。"即使在咏叹调开始之前，黑暗的气氛也已经形成。这首诗的第一行和第四行有着相似的含义：文字不表达我的悲伤，而是"无声的风景，无声的哭泣"，"湿润的泪泉"传达它。女高音和双簧管在复调对位中增强这种情感。女高音传达出无声的哭泣和叹息，双簧管演奏出令人沮丧的内心情感。

康塔塔作为基督教礼拜仪式中最重要的音乐部分，在仪式中处于一个十分独特的位置，并被赋予了重要的宗教仪式功能。音乐中大部分的咏叹调都使用双簧乐器作为助奏，不仅有许多独奏片段，而且帮助声乐部分做了很好的音色平衡。帮助基督教布道，传达经文，完成仪式。双簧乐器在康塔塔中表现出的多种多样的音乐，足以表明在基督教仪式中有着非常重要的地位。

二、双簧乐器在印度教仪式中的体现

双簧乐器纳达斯瓦拉姆 Nadaswaram（图4）是最古老的传统乐器之一，在印度南部泰米尔纳德邦、安得拉邦、卡纳塔克邦最为常见，也是世界上最响的非铜管乐器。该乐器与北印度双簧乐器Shehnai很相似，但是要长些，管体是由硬木制成，最老的Nadaswaram的管体是由叫aacha的树制成。现在也可以用竹子、檀木、铜、黄铜、乌木以及象牙制成。对于Nadaswaram来说，有时候，还会使用老房子里拆卸下来的木头。底端由一个木头或金属制成的喇叭口相连接，是一种顶端至下端逐渐变大的圆锥体双簧乐器。该乐器有一个金属顶端，可以插进一个圆柱哨片。除了簧片外，乐器上还附有一个小的象牙或针，用来清除簧片上的唾液和其他碎屑，使空气自由流通。

图4 印度双簧乐器Nadaswaram
（图片来源：纳达斯瓦拉姆民族音乐学论坛封面，2018年4月）

纳达斯瓦拉姆有7个指孔，以及在底端5个额外的孔，通常用蜡堵住某些孔用来调音，音域有两个半八度，指法与印度Bansuri[①]（斑书里笛）里笛相似，适合户外演奏。

在南印度印度教文化中，纳达斯瓦拉姆被认为是很吉利的，所以在大多数印度教婚礼和南印度寺庙传统当中，纳达斯瓦拉姆是一件很重要的乐

① Bansuri，斑书里笛，印度北部一种横笛。

器[①]。在一年一度的Brahma节日中[②]，来自各地的印度教民众结伴来到印度教寺庙。节日期间，庙堂音乐之声不绝于耳。在寺庙的广场就会有纳达斯瓦拉姆双簧乐器和几件打击乐器组成的小型乐队进行演奏。纳达斯瓦拉姆通常是一对进行表演的，并且也是由成对的名为Thavil[③] 的鼓来进行伴奏。这样，在寺庙的广场上都能够听到这些巨大声响。Periya melam[④] 音乐家们演奏这种吉利的乐器，伴随着节日活动中的一些仪式，比如升寺庙的旗帜，绕着寺庙的宗教游行和洗礼仪式，等等。在这种宗教仪式下，他们储备了数量巨大的曲目，包括短歌、改编歌曲，并且还会用来源于卡纳塔克邦[⑤] 和其他南印度邦的传统音乐来即兴创作。

纳达斯瓦拉姆善于使用即兴性演奏，音乐上的即兴在南亚音乐文化和社会生活中，都有着十分重要的地位。当然即兴性来源于印度音乐中的塔拉和拉格风格，这种即兴性被认为有利于人与超人类（神灵）之间交流与沟通。双簧乐器纳达斯瓦拉姆演奏的音乐被认为是超越音乐本身，被看作可以连接着传统活动和宗教活动，能够引导人们对于社会内容、宗教精神有更好的交流。

纳达斯瓦拉姆表演不仅仅被看作成人与人之间的交流互动，也被认为是人与非人类存在的交流，包括当地的神明们和女神们。所以纳达斯瓦拉姆音乐是首先为神灵而演奏的[⑥]。在南亚地区，尤其是印度教，出于这种

---

① Light Isaac：*Theory of Indian music*, printed at Shyam printers, 1967：156.

② 南印度寺庙最大的节日。

③ 一种南印度的筒形鼓，常用于寺庙和民间中，常常用来伴奏Nadaswaram。通常使用两个Nadaswaram和两个Thavil。

④ Periya melam，一种传统音乐，主奏乐器就是双簧乐器Nadaswaram。

⑤ Karnataka，卡纳塔克邦（印度邦名）。

⑥ William Tallotte：*Improvisation as devotion：nagasvaram music and ritual communication in Hindu temple festival processions*, *Ethnomusicology Forum*, 2018（1）：89.

原因，即兴演奏带来的文化意义比传统曲目给听众带来的交流更具重要性。纳达斯瓦拉姆音乐的另一个特征是，从宗教仪式活动方面来说，音乐和一些集会曲目是没有唱的。他是在宗教仪式过程中持续进行的。这种反复的同步性（音乐与宗教仪式）强化了宗教仪式感。

三、双簧乐器在佛教、道教仪式中的体现

双簧乐器唢呐是一种历史悠久的中国传统民族乐器，是中国民族乐队中的主要吹奏乐器之一，流传十分广泛，有多种大小形制，因此在中国各地形成了多种不同的演奏风格。

唢呐很早就被运用在佛教活动中。西晋时期（265—316）开凿的新疆克孜尔千佛洞中第三十八窟出现的伎乐壁画中就有唢呐演奏的画像。现今中国的佛教寺庙中，在甘肃、安徽、河南、湖南仍使用唢呐作为主奏乐器，并使用钟、磬、鼓、铙钹、木鱼等打击乐器作为伴奏。宗教活动常常会选择一些特殊的曲牌作为仪式曲目，像是在甘肃甘谷县的宗教、祭祀活动中常演奏祭祀曲牌、怀念曲牌。主要曲牌有《大开门》《开官图》《姜维招魂曲》《将军令》等。在甘肃临洮县的宝塔寺，每年要举行两次隆重的佛事活动。在佛事活动中，青衣僧（汉传佛教的僧人）演奏乐器和诵唱经文。青衣僧的乐队以唢呐为主，有时加竹笛，配以打击乐器大鼓、手鼓、钹、铙、磬、木鱼等。演奏曲目有《六句赞》《还乡洞》《赞佛偈》《吉祥偈》《都令》等。[①] 在湖南的佛教寺庙中，所进行的佛事活动乐队以笛和唢呐为主，常演奏的佛事专门乐曲有《普庵咒》《如来佛》《下凡尘》《五

① 刘勇：《中国唢呐艺术研究》，上海音乐出版社，2006年第112页。

圣佛》《开坛唢呐》等[①]。在中国乡村的唢呐乐班或唢呐乐手几乎都是为仪式音乐而演奏，包括为个人的特别纪念日和族群社区活动而演奏。常见的有为丧葬仪式（白事）和寺庙活动[②]（庙会）演奏[③]。

道教是中国土生土长的宗教，产生于东汉后期，从中国大部分的丧葬仪式中可以看出道教法事对礼仪程式的用乐存在着很大影响。唢呐在道教仪式中是非常重要的乐器，比如：赣南安远九龙山观音堂“朝神”仪式音乐、江西万载潭埠鼓吹乐、洱源凤翔白族丧葬仪式中都可以看到唢呐在道教仪式中的重要地位。丧葬仪式中不仅要请道士“做法”，而且在其做法过程中，唢呐乐手需要时刻紧跟仪式程序，按照道士的指示、起板，他们要吹奏相应曲牌，还要不时以行乐的方式走出屋外做法事[④]。唢呐所吹奏的曲牌有严格的界定，一般在正式的法事中吹奏一些传统的曲目，吹奏者不允许自行改换曲目，以显示庄严肃穆和对死者的悼念。唢呐艺人在道场内随时跟随道士的程式，选取相应的曲牌配合，这也是当地百姓世代传习下来的对灵魂、鬼神的一种集体信仰[⑤]。唢呐艺人在一些白事中常吹奏的曲牌有《八板》《回龙宫》《短架子》等，用来亡灵超度和祭祀祖宗神灵。

唢呐属于领奏部分，声音响亮，音较高，用唢呐吹奏旋律能够突出旋律线条，一般使用双数唢呐轮流吹奏。根据中国民族乐器的演奏习惯，每个唢呐师傅在演奏时也喜欢即兴加花。

---

① 刘勇：《中国唢呐艺术研究》，上海音乐出版社，2006年第112页。

② 通常是在夏天。

③ Stephen Jones：*Ritual and Music of North China- Shawm Band in Shanxi*，Burlington Ashgate Publishing，2007：57.

④ 程璐怿：《江西万载潭埠鼓吹乐“得胜鼓”的调查与研究》，中国音乐学院硕士学位论文，2010年。

⑤ 陈小平：《于都客家唢呐艺术之研究》，江西师范大学硕士学位论文，2009年。

四、结语

时至今日，众多双簧乐器因为各地人们的宗教精神需求，仍然活跃在我们周围。双簧乐器是仪式音乐中不可缺少的部分。双簧乐手们几乎在所有的宗教仪式活动中扮演重要角色，伴随着各地人们人生中各个重要的历史时刻。双簧乐器增强了人们与宗教之间的联系。之所以能在世界上如此广泛的存在，并且经历不同的时代，地理环境，被充满智慧的当地人改造成适合他们演奏的乐器，这正是因为双簧乐器的特性，才能够加入他们所崇拜的宗教信仰活动中。限于篇幅，本文仅通过基督教、印度教、佛教、道教四大宗教来探讨几种双簧乐器在宗教仪式中的表现，这种物质承载是世界音乐文化研究的重要依据。欧洲双簧管、印度纳达斯瓦拉姆、中国唢呐有着同族渊源，地理上虽然相隔甚远，却有着相似的发展轨迹，都是每种文化中不同宗教音乐的重要组成部分。不可否认，在双簧乐器为宗教服务的同时，双簧乐器的传播路径也是和宗教信仰紧密不可分的，正是因为它适应了人们不同的信仰需求，所以拥有绵延不绝的生命力。

附言：本文为教育部人文社会科学研究青年基金项目“西方学者视野下的中国音乐研究”（项目编号：19YJC76027）、江西省文化艺术科学规划青年项目“中西学者文化价值冲突下的中国传统音乐红色题材研究”（项目编号：YG2020043）、江西省高校人文社会科学研究一般项目“西方学者视野下的中国红色音乐文化研究”（项目编号：YS20216）的成果并得到国家留学基金资助（文号：留金法[2017]5087）。

双簧乐器的历史沿革及民族化研究
——以双簧管和唢呐为例

陈睿明（贵州大学音乐学院）

双簧气鸣乐器有着年代久远的历史，在欧洲、亚洲很多国家都有双簧乐器的身影，在传播的过程中发展成为欧洲的双簧管和中国的唢呐。双簧乐器生长在各自的本土音乐文化中，形成了自己独特的艺术风格，对于欧洲和亚洲的民族音乐文化都有深远的影响。

一、双簧乐器的起源

双簧乐器起源于极其古老的历史，在早期，人们利用树叶的震动发声来演奏，人类历史上无从考证这样的易腐烂的簧片的起源，但在古埃及的壁画上确有体现。所有的双簧乐器以及簧片乐器都经过了漫长的发展过程。我们国家的一些少数民族都保留着吹奏树叶的传统，这就是我们讨论的簧片的始祖。双簧乐器的起源的确很古老，而真正的起源历史也许只能像人们推测音乐的起源一样设立多种可能性，芦苇片代替树叶使之不容易损坏耐用这也是古人制作双簧乐器哨片的一种巨大的技术进步。为什么说真正的起源设立了很多可能性？因为从文物保存角度来说，簧片一般都是容易变质腐化的材料，所以保留不了多久，更不用说发掘遥远的古物了，更遥远一些的簧片乐器也许古人类制作出来了，只不过经不住时间的洗礼早已腐烂分解，找不到踪迹。当然，要追溯其历史的发展源头，很多考古学者认为其发展起源于古代美索不达米亚文化，在公元前3000年左右，美索不达米亚在艺术文化方面有很高的发展，特别是在音乐文化中出现了重要的气鸣乐器，此乐器的银质管乐残片被发现出土于乌尔国王墓葬群。这是考古学里被公认的最早的双簧乐器的祖先。

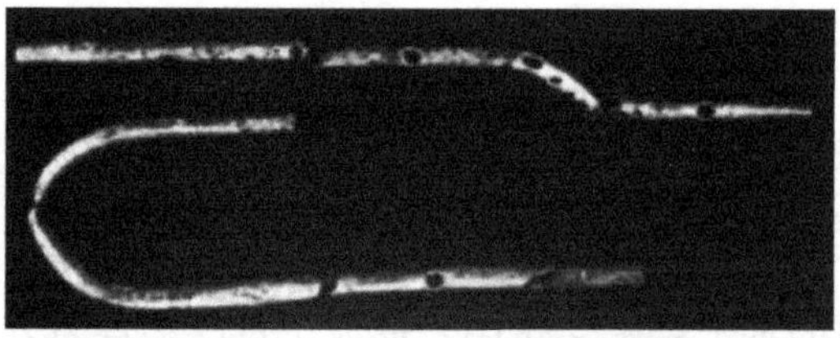

图1

图1是公元前2800年的气鸣乐器文物，现存于以收藏美索不达米亚文物著称的美国宾夕法尼亚博物馆。

图2

图2是现在存放在英国伦敦大英博物馆里古埃及尼巴蒙（Nebamun）古墓里的一幅壁画，年代大约是公元前1364年。壁画里古埃及人在举办一场宴会，载歌载舞，图画中乐师手里拿着的乐器就是双簧乐器的祖先。在埃及萨加拉（Saqqara）大型古墓金字塔的浮雕上也发现过演奏这件乐器的精美雕刻壁画，也在这一片古墓群中的古壁画上发现了这件乐器的踪迹。

二、双簧管与唢呐乐器的发展

经过考证，双簧乐器起源于亚洲，在美索不达米亚地区向东传入中国、印度、韩国和日本等，向西传入埃及和欧洲。双簧乐器大约在公元3世纪的时候在中国的西晋时期传入，发现于新疆的拜城克孜尔石窟第38窟的壁画中。此壁画是一幅吹奏双簧乐器的壁画，壁画的乐器形状类似于现在的唢呐。阿拉伯人和波斯人把这件乐器带到了中国，这件乐器的名字来源于阿拉伯语的音译苏尔奈（surna）。虽然唢呐这件乐器不是中国本土乐器，但是这件乐器确实深受中国人的喜爱，在中国的很多地区特别是一些农村和少数民族地区唢呐这件乐器家喻户晓，并在中国的文化土壤上不断地成长，被视为我国重要的民族乐器。传统的农村或者少数民族手工唢呐出自小作坊，做工比较粗糙，内膛大身子短，芯子也是短而粗，唢呐哨子是比较宽和软的。现代的唢呐受到了西方工业化乐器制作的影响，特别是中央民族乐团使用了加键唢呐，对中低音唢呐的按键体系也进行了波母式改造，改进后成为加键唢呐。在演奏半音阶、音准、音域方面也有了很大的提高。这也许就是欧洲工业化革命科学化、人性化的按键系统给我们民族乐器唢呐带来的启示和推动。但是加键后的唢呐有些靠近双簧管家族乐器的音色，而对于一些传统的唢呐曲子的演奏在风格上表现得有些力不从心，如何在保持唢呐原有民族风格的基础上更好地改进唢呐音准控制和按键体系，而不是简单地照搬西方波母体系把双簧管上半截和单簧管下半截套入唢呐按键系统，我想这更是需要继续研究和探索的。唢呐的演奏相对双簧管来说要轻松容易得多，这一点归功于唢呐的顶嘴，在唢呐哨片后有一个小圆盘，在吹奏唢呐的时候可以用来使嘴部肌肉得到放松，因为顶嘴的存在唢呐和双簧管的声音开始有了很大的不同。当然，一些加键唢呐取消了顶嘴，使得唢呐的音色更加柔和。

在12世纪左右，欧洲人做出了圆锥孔形状的双簧木质乐器，名叫肖姆管（shawm）。这件乐器在外形上已经接近现代双簧管，文艺复兴后在音乐的古典主义时期得到了普及和大量的运用。西方乐谱的不断改进，音乐内涵表达的提升促使了乐器的发展。双簧乐器传入欧洲后，首先作为十字军东征中的军乐队乐器，用于鼓舞战斗士气；其次民间肖姆管在伊斯兰教国家当中也是非常普遍的。特别需要指出的是，16世纪文艺复兴思想达到了高点，特别是波姆体系的运用，使得双簧管成为真正现代意义的双簧管。1844年第一支波姆式双簧管申请到了专利，所有这些改变使得法国双簧管快速崛起。各种体系和按键系统各有特点和风格。当然，发展到了现代之后真正的按键体系最后也只是区别泛音键的全自动双簧管或者是半自动双簧管，这也是世界上最常用的两种双簧管按键体系，这两种体系有各种优缺点，但是在欧洲对于泛音和现代派音响效果的追求还是使用半自动双簧管更为普遍。目前这种乐器被认为是世界上最难学的管乐器，无论是刚入门还是要演奏到一定的水平，都是非常的困难。双簧管要演奏得好还要自己会根据自身的需要制作芦苇哨片，制作哨片也有很高的难度，也是这种乐器的缺点。演奏者常常吹得脸红脖子粗，因为腹压高，而双簧管的哨片口又小所以时常很憋气，很多时候需要把肺部的废气吐出之后呼吸进新鲜空气再演奏。当然，双簧管这种乐器因为哨片制作麻烦也成了一件未完成的乐器，现代双簧管哨片制作工具层出不穷，生产商不断地改进双簧管哨片的制作工具，继续不断完善双簧管这种乐器，推动双簧管继续向前发展。双簧管已经收录到了世界最难管乐器的吉尼斯世界纪录里。双簧管音量不是很大，特别是在管乐团里的双簧管在音量上显得很吃亏，如何增加音量也可以借鉴和学习唢呐。

三、双簧管与唢呐在音乐文化艺术中的表现及民族化研究

现代的双簧管很多人说有一种田园风味，其实我个人认为它是一个具有细腻情感表达的管乐器，音色色彩丰富，带有一些鼻音。现代的双簧管的机械性能也完全能够解决一些复杂的技巧问题和炫技的曲子。当然，双簧管的优势是表现细腻内心情感，如抒情女高音般的歌唱，动人心弦的音乐缓缓的在心中流淌。18世纪双簧管的演奏艺术达到了高峰。双簧管也是交响乐队的定音乐器，一般以双簧管的A音为准，大概音高在440—443兆赫。教堂是很多西方人的精神医生，特别是教堂里的巴洛克双簧管宗教音乐对普通百姓的内心有治愈作用，巴赫、亨德尔、泰勒曼等作曲家就写过很多这样的教堂音乐作品。当然，西方的音乐从巴洛克开始已经不单单为宗教服务了，音乐慢慢从教堂走出，特别是双簧管这件乐器已经成为交响乐团或者室内乐团重奏伴奏的重要乐器，在交响乐团中可以算是画龙点睛之笔，没有双簧管的色彩旋律的展现，交响乐会逊色不少。

中国的民族乐器唢呐非常富有表现力，如苏北唢呐、土家唢呐、彝族唢呐、布依族唢呐等等。唢呐这种乐器在各民族音乐文化中扮演着举足轻

重的角色，演奏一些乐曲串联一些仪式，特别在婚礼葬礼仪式中，唢呐的仪式性的音乐是我们国家的民族文化产物。贵州侗族的唢呐丧葬曲《哭娘调》是当地丧葬仪式重要的曲目，但是曲名和唢呐演奏出的音乐却完全不一样，音乐表达中性，没有喜怒哀乐，完全展示出的是象征性和仪式性的音乐。广大农村和一些少数民族地区唢呐兴旺，主要是这种可以在户外演奏的乐器有它的发展空间。乐器便宜、制作简单、携带方便，特别是有顶嘴的民间唢呐音量很大，在野外田间吹奏声音可以传得很远，声音粗犷而响亮，演奏出的声音符合欢闹的习俗特点。苏北唢呐在丧葬仪式和婚礼仪式中有不同的套曲，用于葬礼悲伤的曲目有《水龙吟》《到春来》《打开门》等。使用唢呐为二黄唱腔伴奏和现代京剧中唢呐伴奏的《红灯记》都是对音乐形象塑造的一种尝试，也拓展了唢呐音乐艺术的发展。我们国家的民族乐团是模仿西方交响乐团的形式建立起来的，唢呐这种乐器是民族乐团中富有特色的重要乐器。唢呐这种乐器发展到今天除了独奏以外还可以跟加键中音唢呐、加键次中音唢呐、加键低音唢呐进行合奏。唢呐的独奏乐曲仍然在不断地创作。在当今的民族乐团中唢呐得到了重视，高音唢呐演奏一些有特色和个性十足的旋律乐段，唢呐的音量和力度也能够扩展乐队的纵深，对于整个民族乐团来说唢呐的张力更是能够使音乐的层次感突出。

在我们国家音乐民族化的概念是在1938年中共中央的第六届六中全会上作为一项重要的决议被提出来的，当时立足于两个重要的概念，一个是“全盘西化”，一个是“国粹主义”中提出的。这也是指我们国家外来的文化艺术在本国融合发展过程中，中西方文化碰撞中产生的必然艺术规律的问题。文化是中华民族复兴的先锋，我们国家的民族音乐艺术不断地学习和吸收西方优秀的文化艺术或西方的文化艺术来到中国，扎根中国，吸收中国民族文化艺术的养分，两种艺术融会贯通结出民族化艺术融合的果实。当然，要做到这一点不能全盘西化，对国外的音乐文化要包容，能够消化变为有利于自己的东西，近代中国民乐团就是学习了西方交响乐的编制，运用中国民族乐器为基础而发展出来的。还有创新的中国唱法也是继承了民族声乐的魅力并借鉴了西方的发声方式和教学手段，也是西洋美声发声法与民歌发声等相结合的产物等。中国民族乐器中的加键唢呐与西方乐器相融合，模仿西方双簧管和单簧管的机械波姆式按键而成，在演奏上音准更加准确并且科学化和人性化。在全球化发展的今天，我们国家的民族音乐要往前走更要吸取别的国家音乐文化中的精魄，不断地发展自己和壮大自己。

以世界著名作曲家尹伊桑为例，他是一位在韩国出生，活跃在欧美的著名音乐家，也是西方古典音乐界第一位著名的亚洲作曲家，他的作品通行全世界，也是把西方音乐民族化的著名作曲家之一。尹伊桑是德籍韩裔作曲家，在他自己的民族化作曲方法中，特别是在20世纪60年代得到了西方音乐界的普遍认可，而他创作出的很多作品得到了广泛的关注。在一次学术交流会上，他指导中国作曲家在创作作品的时候必须立足于中国本民族的特色，要去学习及融会贯通中西方音乐，了解中西方音乐的异同。在亚洲，音乐的发展比欧洲音乐的历史要久远得多，而我们国家也是由多民族组成的国家，有这么多不同的少数民族及他们各具特色的少数民族音乐，正是民族音乐的瑰宝。尹伊桑提出道教、佛教中提到的阴阳哲学、阴阳互补，这个理论其实就是亚洲的宗教哲学、文化哲学。比如说大和小是相对的，或许大也就是小，小也就是大，而运动与静止更是一种相对关系。在整个亚洲，这样的哲学其实就是对立统一的，也是一个整体，尤其是在他的音乐当中有很多的道家思想及内涵。例如，道教的文化指出，在一个空间中是存在阴和阳的，宇宙中也是如此。尹伊桑先生在20世纪60年代末开始运用西方音乐的特点和本民族音乐的特色相结合的方式写了很多器乐作品，而其中为双簧管而作的*Piri*正是尹伊桑对于自己民族的思念与热爱音乐的结晶。文化的不同以及不同的土壤诞生了不同的艺术结晶和特点。不同的道德信仰和文化表达演变为用，深刻的思想、严谨的逻辑结构和超出现实的想法，以达到另外一种强烈而发自内心的个人主义式的音乐形式。*Piri*打开了尹伊桑的内心以及他要表达自己对家乡无限思念的情感的过程。这个过程在这首乐曲中完全能够体现出来。*Piri*一词意思是朝鲜族民族乐器，而演奏这首作品的乐器却是西方的双簧管，这也是朝鲜民族音乐与西方音乐融合民族化的典范，这些作品在西方音乐界都非常的著名，也让更多的西方人了解了东方音乐、东方的民族文化和哲学，以及音乐民族化的过程。

两千年前，张骞出使西域开启了中国的丝绸之路，在贸易和文化上相互交融。各族不同的艺术文化汇聚在中华大地并与中华各族的文化互相融合。在当时，中华民族以无比开阔的胸襟，包容着世界各国艺术文化在中华大地上生根发芽、融合发展并流传至今。双簧乐器从起源于两河流域向西到欧洲，向东来到中国，世界的艺术文化本来就是互相交融、互相学习和发展的。21世纪是一个开放包容的世纪，在民族化的进程中，西方的双簧管慢慢融入我们的文化之中，《红旗颂》《瑶族舞曲》《北京喜讯到边寨》《春节序曲》等经典的民族交响乐曲中都有精彩的表现。而民族乐器唢呐与时代的进步也是必然的。在传承我们国家优秀的民族音乐文化的同时，也可以吸收西方乐器和音乐文化的优点和长处，在民族化的进程中，做到食而能化，真正地不断融合、发展与创新。

巴松的起源及发展

杨也（贵州师范大学音乐学院）

一、双簧乐器的历史踪影

在古老的原始社会里，人们吹奏树叶或者植物的管径发出声响或模仿动物的声音，引诱动物进行捕猎或者在捕猎过程中吹奏的声响作为一种命令或预警的信号，对于群体捕猎活动起到了相当重要的作用。在原始社会的群体生活中，能够吹奏一些简单的声音吸引异性或者加强部落人与人之间的感情和联系，把单一的树叶簧片乐器慢慢地发展成为简单的能够吹响并发出优美声音的簧片乐器，可以使用它给歌舞伴奏，可以使用它在部落战争中发送声音信号。在远古人类社会中人们团结协作，也许这就是簧片乐器对于原始社会部落建设发挥的作用。在考证双簧类乐器的起源问题的时候，因为簧片乐器的材质不像骨笛、不像一些金属乐器可以保存很长时间，植物材质的簧片是保存不了多久的，因此没有文物作为支撑，大部分发现的簧片乐器都是以雕刻或者壁画形式让后人了解到这种管乐艺术形式的存在。由于没有实物，当然也无从谈到关于簧片乐器的具体起源问题，只能研究古代壁画中描绘的原型。

在古埃及的金字塔古墓群的壁画当中，发现了最早的簧片类乐器的样貌。目前这幅壁画存放在英国伦敦的大英博物馆里，画中描绘了宴会载歌载舞的景象，乐师位于正中间给整个宴会伴奏，并且最突出的乐器就是一件双簧乐器。根据考证，这幅壁画距今已经有3000多年的历史，这件古埃及人手里拿着演奏的乐器同样也在古希腊的瓷器上被发现过，并且还发现它以与琉特琴合奏的形式出现过，当时人们叫它奥洛斯（aulos）。说明这件古老的双簧气鸣乐器结构还是合理的，在当时正向世界各地传播，并在几千年前就能演奏出美妙动听的音乐。随后，欧亚非大陆都陆续发现了这件双簧气鸣乐器的踪迹并慢慢地被全世界所认同和接受。

二、巴松的起源与诞生

巴松（Bassoon）这件乐器在中国也被称作大管，当然是以乐器形象命名，在意大利语中叫Fagotto，原意为一捆柴，很形象的描述出巴松这件乐器在当时发展时期的形态。时间如梭，双簧乐器发展的不断进步和演变使其发展出很多种类的双簧乐器，在外观上大小不一，具有各种形态，以适应乐队中各种不同声部的需要。当我们探索巴松这件乐器的历史的时候，杜尔辛（Dulcian）管被史学家们普遍地认为是巴松管的前身，当然具体对于杜尔辛管的历史考证的线索却是不清晰的，这件乐器的出现也可以看作是音乐发展史上的必然。在西方的教堂合唱音乐中需要有中低音声部以及和声复调纵向的音乐声部的发展，在器乐的发展史中，模拟了合唱音乐复调纵向的结构形式，发展出高中低音域的乐器，这也正是音乐发展的潮流所向。这时乐器开始进行整合，对于声响的需求、对于声部音色的需求、对于高低音频以及各种调性不同的乐器互相配合的需求，这都是音乐发展过程中的产物。在作曲家的笔下，乐曲的表现力和复杂性随着时代的进步而不断增加，也正是为了展现更复杂的音乐表现力，乐器的改造也必须跟得上音乐趋势和潮流的发展，从而满足当时人们的精神文化需求。当时巴松乐器的前身杜尔辛管的工艺相当粗糙和原始，在16世纪杜尔辛管有八种不同的大小尺寸，这种乐器上只有8个空和2个按键，不同大小的乐器只有很少的几个键空，说明这件乐器的音域有限，能够演奏的乐曲和表现力也是有限的。在当时的欧洲这种乐器由于是木质的比较轻便，特别是在户外演出，能够代替低音大号等大个的沉重的铜管乐器，在长时间的演奏和移动中，减轻了人们的负担，因此在欧洲的城镇演出中这种乐器慢慢的被普及和改进。

当杜尔辛管加入教堂音乐的乐队演奏后，木管声部的声音更加饱满厚实，其乐队中低音铜管与低音木管声部构成低音八度重复，声响的立体性和空间感得到加强。在当时教堂是人们经常去的地方，从普通的百姓到皇宫贵族都要去教堂，这让更多的人接触及认识这种低音乐器，更多的人对这种低音乐器有了一定认知。在此之后，不论是教堂里的宗教音乐还是乡村管乐队中的世俗音乐中都有了杜尔辛管的身影，它成为乐队中必不可少的重要木管低音声部的乐器。随着制造管乐器工艺的进步，在当时简单粗糙的杜尔辛管已经不能满足音乐的需要，在其发声原理的基础上，重新设计出了可拆卸的、方便携带的巴洛克巴松管，这种乐器完全是一个新的版本。而巴洛克巴松管只是比杜尔辛管的设计结构更加精致，演奏上并不比杜尔辛管好太多，因此杜尔辛管和巴洛克巴松管在一段时间内共存，直到18世纪。

三、巴松的发展与革新

在西方的文艺复兴（Renaissance）之后，文化艺术思想上的积累达到了一个高峰，在越来越多的复杂音乐作品出现后，管乐器必须要进行革新才能从演奏方面跟得上音乐思想的表达，而工业革命的出现使得人们的生产力达到了当时前所未有的高峰。从文艺复兴时期的巴洛克音乐到工业革命时期的浪漫主义音乐，作曲家对音乐表现力的要求越来越丰富，对于音乐细节的呈现要求也越来越高，促使乐器的性能必须更加完善，才能够更好地演奏出作曲家对音乐表现的更高追求。在巴洛克时期到浪漫主义时期对于音乐强弱对比的幅度增加、乐曲速度的提高、乐器音准的苛刻要求，都需要管乐器必须更加符合这个时代的需要和更加的人性化的设计，工业革命的出现极大地推动了乐器的发展与改造。

在巴洛克时期，维瓦尔第为当时的三、四按键的巴松写了很多重要的巴松协奏曲，成为巴松管乐作品中的经典。莫扎特创作过很多管乐协奏曲，但是莫扎特的第一部管乐协奏曲《降B大调巴松协奏曲》却是写给巴松管的。据说莫扎特写过几部巴松管的协奏曲，不幸的是在一次火灾中失去了珍贵手稿，对于巴松管这种乐器乃至人类的音乐文化艺术来说都是巨大的损失。就是这首唯一的传世协奏曲给巴松管留下了珍贵的音乐财富。在莫扎特之后，这种乐器的按键越来越多，指法越来越复杂，乐器的表现力也越来越强。当工业化发展的触角延伸到各个角落，在社会不断地发展下，科技水平不断地提高，对于乐器的制作工艺的帮助也很大。在这之后，著名的乐器改造大师西奥博德·波姆（Theobald Boehm）在巴松上进行了实验，制造出波姆式巴松按键体系，虽然波姆按键在其他木管乐器上大获成功，但是在巴松管上由于制造出的乐器价格非常昂贵，当时的巴松演奏家们排斥学习新的波姆乐器指法，因此这件波姆式巴松无人问津，从此夭折。在巴松乐器的制造和改革方面，作曲家卡尔·阿门拉德（Carl almenräder）和德国声学研究者格特福瑞德·韦伯（Gottfried Weber）采用了新的方法改造巴松管。当时欧洲最著名的作曲家路德维希·凡·贝多芬（Ludwig van Beethoven）在看了卡尔·阿门拉德发表关于乐器制作论文和媒体对他的报道之后十分高兴，立刻联系了他希望能继续改进现有乐器或者开发出新式的乐器。他们开发出了18个键位的跨越四个八度的巴松乐器，这件乐器音域宽广表现力十足，现代巴松的雏形在他们的手中制造出来了。

现代巴松乐器音域宽广接近四个八度，世界上最著名的巴松品牌是黑克尔（Heckel）家族所生产的，也是德式巴松乐器体系的代表。巴松在交响乐团中是重要的木管乐器之一，也是必不可少的低音乐器，早期的巴松乐器在乐队中主要以伴奏和低音声部铺垫为主。随着时代的发展和乐器进步，现代巴松乐器有更强的表现力，例如斯特拉文斯基（Igor Fedorovitch Stravinsky）的《春之祭》交响乐作品中，一开始就由巴松声部的演奏吹响了荒蛮时代的号角；刘铁山、茅沅创作并改编成为交响乐作品的《瑶族舞曲》中有著名的巴松演奏片段。巴松管乐器高音区优美柔情，中音区音色饱满柔和，低音区阴沉庄重，音色极富表现力，诙谐幽默有很强的戏剧性。在管乐器发展的历史长河里，巴松这件乐器在乐队中从一件伴奏乐器慢慢发展成为木管乐器中重要的支柱，不论是独奏还是在乐队中的作用都有着独特的魅力。

近现代室内乐的基本特性

徐晓（广西艺术学院音乐学院）

一、近现代室内乐的发展背景

许多欧洲国家在两次世界大战后饱受了重创，首先面临的是恢复战争造成的政治和经济上的创伤，原本繁荣的艺术市场受到冷落。由于资金的拮据，庞大的交响乐团的发展受到限制，使得编制小且多声部、组织清晰的室内乐作品得到作曲家和演奏家的青睐。

战争期间，许多欧洲重要的作曲家因为本国纳粹主义的兴起而受到惨无人道的压迫，这也导致当时大量的艺术家们纷纷逃往美国避难，独特的北美民族、风光和文化对这些来自欧洲的音乐家们造成了强烈的冲击。由于科学技术的迅速发展和人类文明的进步，作曲家们从不同风格的音乐中汲取灵感，使得近现代音乐经历了两次变革。音乐的发展出现了表现主义、印象主义等形式的音乐流派，这些流派往往对以往传统的音乐模式，诸如旋律、和声、节奏、织体、音响等元素进行了重新的定义，进而对以后的音乐作品产生了深远的影响。

二、近现代室内乐的基本特性

（一）部分室内乐中的音色特点

20世纪的音乐对音色的追求可谓是空前绝后。在西方近现代音乐创作中，作曲家在音色上寻求对传统作品的突破，注重音色的运用。他们在创作中利用器乐对大自然的模仿、新的乐器或声源、新的演奏（演唱）手法等，获得新的音响。例如被人称为早期“印象主义”开山始祖的德彪西，在其室内乐作品《长笛、中提琴与竖琴奏鸣曲》中，长笛缥缈的音色、中提琴鼻音般的哀鸣和竖琴如泉水般的声音时而穿插应答。在组合起来演奏同音的时候，创造出犹如梦幻般朦胧感的另一种乐器的音色。而20世纪的作曲家们对传统室内乐的音色已不再满足，将“常规音源”进行极端化的处理对“非常规音源”进行多样化的结合。例如作为当代“实验音乐”的早期创作者，法裔美籍作曲家埃德加·瓦列兹在其发表的讲话中曾提道：“那是在很久以前，我便产生了解放音乐的念头，把音乐从平均律体系中，从乐器的限制中，从误把成规陋习奉为‘传统’的时代中解放出来。”① 其配器特点是将具备一定的结构功能意义的音色作为纵、横向语言，或将音色作为单位材料运用于作品当中。通过对其频响的控制从而获得音乐的结构张力和音乐发展的动力。②

传统音乐强调音色的平衡，而现代音乐则强调乐器的突出个性。部分作品要求演奏者在乐器的最高或最低的极端音区演奏，或专门运用特殊演

① [美] 埃德加·瓦列兹（Edgard Varese）讲稿、周文中（编注）、焦侃（译）：《音响的解放》，载《天津音乐学院学报》，1996年第1期。

② 昌英中、景徐：《20世纪西方室内乐的音色开发及音色功能》，载《音乐探索》，2007年增刊。

奏法，如花舌、滑音等技巧制造出特殊的音色，或用工具敲击钢琴的琴弦、弦乐用弓子木头部分敲击乐器，或直接向管乐器里吹气产生气流声等，例如作曲家亨利·考埃尔，他于1912年发明了全新的演奏方式，当时被称为“音簇”。该演奏方式主要是利用身体中前臂或手掌压下琴键，同时奏出毗邻各音，此外，他还发明了一些奇特的钢琴演奏方式，例如对琴弦进行拨动、通过金属对琴弦声音进行过滤等。作曲家偶尔也会使用一些制造噪音的工具，如喇叭、警报器、玻璃破碎等声音。与此同时，近现代室内乐对节奏和音色的不同探索使得打击乐的地位变得逐渐突出且得到了大量的运用。埃德加·瓦列兹为管乐和打击乐创作的室内乐作品《双棱镜》中就用到9件有固定音高的管乐器和17件基本上无固定音高的打击乐器。瓦列兹在对乐器的选择上更看重的是声音的创作需要而并非音高。美籍华人作曲家谭盾先生也曾考虑将大自然中的某些声音加入乐器演奏的音乐中，这一方式被称之“有机音乐”。1994年，谭盾应著名四重奏Kronos委约创作的《鬼戏》中，融合了水、金属、石头和纸的元素，同时还试图将我国的一些传统文化融入西方室内乐的表现方式中。

（二）部分室内乐中的节奏特点

节奏这一曾被轻视的音乐要素，一度只是作为传递音响的媒介，是不受重视的载体。近现代音乐对乐音的反感，对和声及旋律的谋杀，使节奏得以重生。[①] 晚期浪漫派以后，很多近现代的作曲家受到非洲和拉丁美洲民族音乐的影响，试图打破节奏的束缚，不断淡化甚至消除传统音乐中拍号、小节线的限制。在很多近现代音乐中，节奏的功能与作用已远超过了

① 奥利弗·梅西安著、张慧玲、洪丁译：《斯特拉文斯基〈春之祭〉分析》（上），载《中央音乐学院学报》，2012年第3期。

音高，尤其是一些为打击乐而作的室内乐作品，已经不再像传统音乐那样循规蹈矩，而是使用复杂、充满新意甚至怪异、多变的节奏来体现作品的构思和魅力。例如美国简约主义作曲家斯蒂夫·莱奇的《为两位音乐家而写的拍手音乐》。斯蒂夫这首极简主义现代音乐运用了撒哈拉沙漠以南非洲传统音乐中使用的节奏和不断变化的切分节奏。斯蒂夫·莱奇的拍手音乐是由两名表演者用手拍节奏演奏的一种节奏模式。其中一个演奏者在整个过程中重复这个模式，而另一个演奏者则在固定的重复次数之后，以一个单位的时间来改变这个模式。这种转变一直持续到演员们再次一起演奏，标志着乐曲的结束。图1显示了使用方框符号的模式和过程。每个盒子代表一单位节拍。空盒子是休止的节拍，而装满的盒子则表示拍手。两个人所拍出的节奏型不同，但最终组成一个节奏组合。

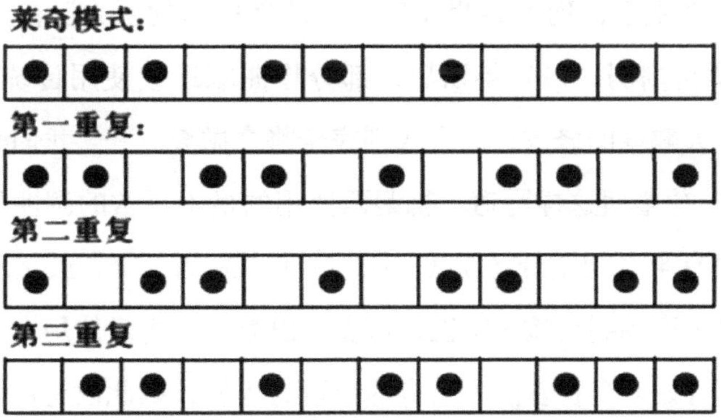

图1　莱奇模式和第一、第二、第三重复模式

切分节奏与复杂的节奏组合激发了许多音乐家，如斯特拉文斯基与科普兰等人的想象力；巴托克使用东欧民间音乐中“自由而多变的音乐结构”；而勋伯格的作品在节奏上的创新，则是受到勃拉姆斯音乐中的不规

则乐句的启发。[①]

近现代的作曲家除了使用常规的2、3拍子之外，还喜欢用非常规的5、7、9拍。例如匈牙利作曲家里盖蒂的《六首木管五重奏》中的第六首，几乎每个小节都在变换节拍，快速的节奏与不规则的重音创造出紧张感和亢奋感。这也是20世纪音乐作品的一个特点。

20世纪的作曲家，如贝拉·巴托克、菲利普·格拉斯、斯蒂夫·莱奇等写了很多不规则的对位复合节奏（psahing rhythm）和加合节奏（additive rhythm）的室内乐作品。尤其现代派作曲家奥利维尔·梅西安（Olivier Messiaen）和他的学生用越来越复杂的方式来扰乱正常的节奏感，最终导致非理性的复杂节奏在新室内乐作品中的广泛应用。

（三）部分室内乐中的调性特点

自巴洛克时期到大约晚期浪漫主义时期被传统的"调性"（tonality）音高引力体系主宰，到了19世纪晚期，调性中心的引力已被快速且频繁的调性变换所削弱。1900年以后，部分作曲家继续使用传统调性体系，有些将其作大幅度的修改，还有人则完全将之抛弃。[②]"我们必须放弃调性的感觉。"德彪西这样写道。德彪西使用的最不寻常的调性是由六个全音而完全没有半音的全音音阶（C–D–E–$^{\#}$F–$^{\#}$G–$^{\#}$A–C）。虽然对全音音阶的使用最早可追溯到约翰·塞巴斯蒂安·巴赫，但大量使用全音音阶的还是从德彪西开始。全音音阶中所有的音皆为等值，因此没有任何一个音是突出的，所以全音音阶给人一种模糊不清的效果。例如他创作的室内乐作

① [美] 罗杰·凯密恩（Roger Kamien）：《听音乐》，世界图书出版公司，2008年第313页。

② [美] 罗杰·凯密恩（Roger Kamien）：《听音乐》，世界图书出版公司，2008年第312页。

品《g小调弦乐四重奏》Op.10，作品虽然还是比较传统的g小调奏鸣曲曲式，但德彪西通过避免那些强调某个调性的序列和使用不强调主音的音阶来弱化调性。①

对传统进一步背道而驰的是无调性和十二音系统。所谓无调性就是没有主音、属音、下属音等等，12个半音不考虑他们在传统大小调中的关系，都可以自由的进行。阿诺德·勋伯格是最早将这种作曲手法发展成体系的作曲家。他将"不和谐"的音行组织从乐音中解放出来，被人们称为表现主义音乐。一般说来，12个音的音列可以有无数种组合方式，他将这些组合细分为众多不同的小组，如分为两个组，每组6个音，或分为三组，每组4个音，抑或3个音一组的四组。从一个基础音列出发，它可以自动产生出3个额外的音列：转位、逆行和逆行移位。例如：《木管五重奏》(*Wind Quintet*) Op.26，是勋伯格用十二音作曲法创作的室内乐的代表性作品之一。

一般来说，乐曲从基础音列本身开始，倒影和其他的变型诸如所有四个音列的11个移位在以后使用，特别是移位，像以往的转调，具有建立从属内容的作用。这些音列结合音色、节奏和和声的变化可以产生不同的主题和不同的性格。勋伯格在他的《风格与创意》中写道："我不能确定只用一个音列能否产生足够的、各不相同的主题、乐句、动机和其他的形式，但不久，我就发现，我的恐惧是没有根据的。我甚至可以用一个音列来创造一部完整的歌剧。"② 十二音体系作曲法让音乐产生无数种可能，它

---

① [美] 罗杰·凯密恩 (Roger Kamien)：《听音乐》，世界图书出版公司，2008年第312页。

② [奥] 阿诺德·勋伯格 (Arnold Schoenberg)：《风格与创意》，茅于润译，上海音乐出版社，2011年第136页。

影响了20世纪音乐美学的思维；影响了20世纪音乐史上的第二次变革；影响了不少作曲家，如斯特拉文斯基、布里顿、兴德米特等都采用过他的作曲方法。

除了全音音阶和十二音体系外，近现代音乐调性的变革还包括梅西安的有限移动模式、巴托克的对称轴、米约的多调性、斯克里亚宾的神秘和弦、施托克豪森的公式作曲法等，不再像巴洛克和古典主义时期以一个人或者几个人为中心向外辐射的现象。这时期的作曲理论和作曲法都各有特点，音乐个性和音乐体裁都变得非常丰富。

三、结语

近现代音乐是所谓百家争鸣的时期，出现了众多杰出作曲家和不同的流派，这些作品尝试寻找全新的概念，并表达与当代更为贴切的人类精神世界。笔者怀着敬畏的心对这一时期的室内乐作品做概括的论述，如有不足之处还望得以指正。

目前我国对巴松发展的研究现状

宁辉（西北民族大学音乐学院）

一、巴松在我国艺术类院校的发展

截至2019年6月15日，教育部公布的全国高等学校共计2956所。其中，普通高等学校2688所（含独立学院266所），成人高等学校268所。其中，开设有音乐类专业的院校已有400余所，其中包括中央音乐学院、中国音乐学院、上海音乐学院、天津音乐学院、沈阳音乐学院、西安音乐学院、四川音乐学院、武汉音乐学院、星海音乐学院、浙江音乐学院、哈尔滨音乐学院等11所音乐学院及南京艺术学院、吉林艺术学院、广西艺术学院、山东艺术学院、云南艺术学院、内蒙古艺术学院、新疆艺术学院以及解放军艺术学院（于2017年更名为中国人民解放军国防大学军事文化学院）等8所艺术学院。这些音乐类院校都陆续地开设了巴松专业，而在其他的综合类院校中，开设有巴松专业教学工作的学校则寥寥无几。伴随着国家大力的推广中小学素质教育活动，这一不被大众所熟悉的乐器，也将慢慢地走入校园，越来越被关注。

在这些音乐学院及艺术学院当中，学习巴松演奏的学生都是来自全国各地，启蒙老师大多是各地的专业文艺团体中的巴松演奏家，学生经过数年较为系统的专业学习，期待着能够进入更好的院校进行学习、实践，这也从另一个方面导致各地的综合类大学，巴松专业学生稀少的现象产生。在我国的各个音乐学院及艺术学院中，专业教师的素质非常优秀，教学质量相对于地方性院校有着较为明显的优势，越来越多的归国青年演奏家进入高校，带来了新的巴松教学思路、教学方法、教学理念，培养出更多优秀的学生、优秀的演奏家。

二、巴松在我国小学、初、高中的发展

较之于其他的器乐种类，巴松本就在国内的普及率不高，加之初学的乐器价格高出其他乐器很多，乐器本身也较大、较重，小学阶段的孩子因为身体的原因拿不起来、够不着而放弃选择巴松的现象也比较普遍。国内各地的小学当中，兴起了一股管乐队热潮，组建了各式编制的军乐队、管乐队。在一些经济发达地区，能够组建成立具有一定编制的交响管乐队，与此同时，老师、家长、学生的学习意识、竞争意识比较领先，加入双簧管、巴松等乐器种类。与此同时，这也在另一个方面带动一些冷门乐器的发展，比如双簧管、巴松等，有音乐教育意识的老师会推荐、鼓励孩子选择这些乐器学习，或者咨询专业人士了解乐队的人员配置，以选拔学生进行冷门乐器的学习、演奏，充实乐队的配置，声部结构的平衡。而在一些经济不发达的地区，对于学校和机构的推广，绝大多数的家长会主动为孩子选择一些价格便宜的乐器，开始孩子的音乐求学之路。

众所周知，我国的初中生、高中生所面临的学业压力非常之重，每天都沉浸于文化课的学习之中，加之许多家长认为只有学好文化课才能出人头地的想法，对于音乐专业的学习则刻意减少学习时间乃至于彻底放弃乐

器的继续学习，由此减少了学习乐器的学生数量。

无论学习何种乐器，都要遵循练习的法则，要保证有充足的时间来进行练习，但在我国的各级中学当中，这种时间上的保障都是极其缺乏的。从全国来看，具有音乐教学特色的中学还是寥寥无几。升学率的要求，家长的期许，都限制了孩子们继续学习的想法与动力。

其实无论从交响乐团的演奏需求还是艺术考学的需求来说，巴松都可以算是必不可少的乐器。和在中国最为常见的热门乐器长笛、单簧管等相比较而言，乐团需要配置的演奏员人数是相同的，并无任何的差别，但是每年报考巴松专业的学生较其他专业却少之又少，由此应该可以看到，学习巴松带来的竞争优势还是非常明显的。

三、巴松研究理论的发展与交流

20世纪50—80年代，我国的巴松演奏与教学方面取得了较大的成果，在有限的资料和对外交流的情况下，许多老一辈的演奏家为之付出了艰辛的努力，使得巴松在演奏技法与教学方面朝着更加系统化、科学化的方向发展。伴随着改革开放的到来，我国的文化建设也得到了相应的快速发展。在这一时期，国内的对外交流活动显著增多，国外专家学者来华交流变得密切，而我国的演奏家也得以出国学习、交流、深造，众多的西方优秀巴松作品，全新的巴松演奏理念，科学系统的训练方法被引进。但是由于在传统的师徒学习模式下，对于巴松理论研究的重要性却往往被忽视了，由于文化差异以及语言的障碍，导致无法更多更好地利用到外文资料。1984年在上海音乐学院召开的全国艺术院校巴松管专业教学经验交流大会，引起了全国的巴松专业教师的重视，会上，多人做了极具理论研究价值的专题报告，同时，进行了中外演奏专业资料的交流，并开展了数场音乐会演出活动。自此以后，全国各地巴松演奏家也开始注重于演奏理论、演奏技法的研究与探索。吕作雄、赵准、陈建华、殷家元、王震、冯继铖、李岚松、贾大勇等专家也都陆续就巴松专业的理论发表了诸多研究成果论文。

20世纪下半叶是我国巴松管艺术得到发展的重要阶段。这一时期，关于巴松的理论研究，逐渐展开并得到不断深入，并取得了丰硕的科研成果。近年来，随着从国外学成归来的青年演奏家的加入，因其良好的外语功底，又给国内带来了新的演奏资料及交流活动。进入新世纪，中国巴松演奏艺术得到了迅速的发展，与国际交流愈加频繁，在全国举办了各类巴松艺术节、艺术周、专题讲座和比赛交流等，为巴松演奏事业做出了全新的贡献。中央音乐学院与中国管乐学会主办、全国各音乐学院及艺术学院协办的，旨在为共同研讨21世纪中国巴松教学与演奏的新动向，推动和促进我国巴松事业的发展的巴松艺术节已连续成功举办了四届。在艺术节当中，邀请到世界顶级巴松演奏家到中国来，带来了全新的作品，令人震撼的演奏技巧，刺激并打动了全国的专业教师及专业演奏人员。在大师课授课环节，新的训练方式，也使得全国各地的巴松学生受益匪浅，获益良多。

在20世纪，仅有北京管乐器厂、上海管乐器总厂等几个为数不多的厂家能够仿制生产巴松乐器，由于缺乏实际制作经验，再加上受到制造设备的限制，所产出的乐器并不能够使演奏者、学习者有良好的演奏体验。70年代，北京管乐器厂的郝云与原中央乐团的刘奇老师经过共同努力，为我国巴松的自主生产提供了非常坚实、有力的理论基础与实践基础。乐器的制造水平也极大地制约了管乐器学习的发展，中国的管乐器还没有高品质的品牌，而乐器高购买成本也从另一个角度限制了巴松的普及。没有大范围的普及，也就势必无法谈到学生水平的整体提高。普及巴松还是要从孩子抓起，从小进行专业、系统的培训，才能够培养出高素质的优秀生源。

现在，国内以天津津宝乐器有限公司为主导的一些乐器生产厂家，通过不断地研制，开始推出适合于小学生学习演奏的儿童型巴松，使得孩子们能够在很小的年龄段接触到巴松这一乐器，此举必将为中国的巴松事业发展带来新的活力。

在2018年青岛举办的青岛市南管乐艺术周上，诸多专家学者对于中国管乐器的发展提出了非常中肯的意见及建议，本届管乐艺术周包含了青岛市南管乐艺术周开幕式、中外音乐学院院长管乐艺术青岛峰会、巴松艺术周、中外大师课及音乐会、国外顶级管乐重奏团音乐会、市南区“音你而来”中小学生管乐展演及闭幕式音乐会，以培养和发现青年演奏家为己任，意在为中国木管演奏教学与国际交流搭建一个全新的平台；立足古典音乐普及，并融合多元文化。艺术节邀请了不同国家不同流派的演奏家，多方位展示了当前国际巴松音乐发展现状与独特的艺术魅力。这些国内外知名巴松专家用他们的音乐才能、创造力，通过大师课、专题讲座、15场大师音乐会等一系列专业学术活动，将巴松音乐解释给听众，面向社会宣传普及巴松艺术，让更多的音乐爱好者认识、喜欢巴松。

四、结语

巴松进入中国，从早期的默默无闻一直发展到现在的持续升温、活跃，与几代艺术家们的努力是密不可分的，为此，这些艺术家们付出了艰辛的努力，依靠其坚定的毅力，为我国的巴松事业发展做出了贡献，值得我辈以此为榜样学习。

希望家长们不仅仅是意识到在考学过程中巴松给孩子们带来的帮助，更希望有更多的人了解巴松、喜欢巴松。希望看到越来越多的孩子开始学习并爱上巴松，让冷门乐器越来越热。

此篇文章写作于匆忙之中，文中未提到的为巴松事业蓬勃发展所做出努力与贡献的专业老师还有很多，也无法在此一一介绍，望予以谅解。

15 Melodic Studies for Bassoonists: Lyrical Etudes for Bassoon

（15首外国古典声乐艺术歌曲改编之巴松练习曲）

Shih–Han Chiu 邱诗涵（亚洲双簧协会副会长兼秘书长）

Abstraction

Bassoon students require training in lyrical and melodic playing to be well–rounded players. In this realm of performance, vocalists typically receive copious and focused training. The adaptation of lyrical vocal pedagogical techniques and approaches for woodwind pedagogy would prove beneficial to bassoonists. The three fundamental vocal techniques of chest versus head voice, legato singing, and chiaroscuro are ideal for this task. Bassoon players can modify these three techniques for use and further develop the targeted methods for studying lyrical and melodic playing. Having well–known vocal arias for inspiration, the "15 Melodic Studies for Bassoonists: Lyrical Etudes for Bassoon" has been compiled specifically to address these three primary vocal techniques. Each study is presented with references to each of the three primary vocal techniques and its associated pedagogy to address the lyrical playing techniques for bassoonists.

CHAPTER I INTRODUCTION

Melodic studies develop young bassoon students'lyrical and expressive styles of performance. Currently, only a few melodic studies are available for the bassoon. These include The Singing Bassoon, by Giuseppe Concone; 26 Melodic Studies for Bassoon, by Eugène Jancourt; Famous Melodies for Bassoon, arranged by Charles Boyd; and 50 Concert Studies Op. 26 by Ludwig Milde. Outside of these sources, publications meticulously written for bassoon techniques or pedagogy are limited, especially when compared to the numerous books and articles published on vocal techniques and pedagogy. Because of the large number of writings on vocal techniques and pedagogy, vocalists receive more systematic and focused training in lyrical and expressive performance. This project will demonstrate that bassoonists can benefit from vocal techniques and pedagogy by modifying selected techniques into bassoon playing.

This project will identify and adopt the following specific vocal techniques, which are comparable to similar techniques for bassoon: (1) The vocal technique of chest and head voice production, as compared to the bassoon technique of pitch manipulation and resonance; (2) The vocal technique of legato singing, as compared to the bassoon technique for the production of legato articulation; and (3) the vocal technique of chiaroscuro (bright and dark) , as compared to the bassoon technique for timbre manipulation. Inspired by monumental vocal passages, the author has modified these three vocal techniques and developed targeted methods for studying lyrical and melodic playing. "The 15 Melodic Studies for Bassoonists: Lyrical Etudes for Bassoons" is compiled explicitly for this purpose.

The author compiled these studies with references to the three primary vocal techniques and their associated vocal pedagogy. There are three sections in this method book. Each section representing one of the three registers of the bassoon, referred to as (1) Bb1–F3; (2) A2–C4; and (3) C3–G4 (Figure 1) . Each study will include essential expressive and dynamic markings along with suggestions for effective phrasing. In addition to the music, the exercises will include audiovisual guides to demonstrate each technique further.

Figure 1: Three registers for the bassoon

CHAPTER II MOTIVATION

The register of the bassoon is close to the male singer's register of the human voice. For this reason, composers often parallel bassoon melodic writing with vocal concepts. Artists can interpret numerous essential bassoon repertoire passages with singing like to portray the musical and lyrical playing; for example, Saint–Saëns's Bassoon Sonata, Op. 168 is one of the most beautiful works in the bassoon repertoire. It is incredibly lyrical, with the first phrase of the first movement employing the timbre change and expressiveness of the musical motive, which materializes throughout the entire movement. Peter Tchaikovsky's first movement of Symphony No. 6, Pathetique presents the calm and sonorous tone qualities (or timbre) of the bassoon; whereas, Igor Stravinsky's Rite of Spring captures the bright and mysterious color changes. The second movement of the Mozart's Bassoon Concerto, K. 191 shares a similar melodic expression with the aria from Mozart's famous opera, The Marriage of Figaro. The bassoon and the vocal lines in Der Liebestrank by Gaetano Donizetti retain the exact melodic phrase. Based on numerous examples, the ultimate aspiration is for the bassoonist to inherit a similar tone quality and musical expression by imitating a mastersinger.

The examples above include extreme color changes, the cantabile style plays, and the broad register shifts. A mastery and skillful execution of these three techniques distinguish the professional bassoonists from students and aspiring bassoonists. In any competition, finalists will demonstrate virtuosic techniques without a doubt; however, the only element that distinguishes the winner will be the performer's musical expression. Judges only will show interest and attention to performers who provide extraordinarily lyrical and inspirational performances. Therefore, bassoonists must cultivate their skill to play lyrically and musically as soon as they learn to play the bassoon.

The following four etudes are the most stander etudes for bassoon study. Each etude contains distinct strategies and purpose.

1. The Singing Bassoon: Forty Legato Studies, Opus 17, by Giuseppe Concone, edited by June Emerson, is adopted from Concone's vocal exercises. In the preface of this etude book, Emerson claims, "These legato studies,

with their long phrases, are ideal for developing a good tone on the bassoon. " ①
He suggests that students need to use full breath support and play extremely smoothly when practicing studies from this etude book.

2. 26 Melodic Studies for Bassoon, by Eugène Jancourt. Jancourt, a virtuoso bassoonist and pedagogue at the Paris Conservatoire, is mostly known for his method books and the system innovations he made to the "Buffet" style bassoon. His etude book is a tuneful and technically interesting study for bassoonists. This etude features a wide range of keys and musical styles.

3. Famous Melodies for Bassoon is arranged by Charles Boyd. This book of studies contains the ideas that are the most similar to the project presented here. Boyd claims, "The pieces contained in this collection are not so much planned to display the technique of the player as to promote the excellence of his tone and to develop musicianly qualities. " ② He adopts and arranges vocal repertoires and dance–tunes into bassoon playing with piano accompaniment, such as Mozart's Aria from The Magic Flute, Saint–Saens's The Swan, and Gounod's Cavatina from Faust. He also provides brief annotations on each composer and piece.

4. 50 Concert Studies Op. 26, by Ludwig Milde, is one of the most standard bassoon etudes. Each etude is varied in style and training purpose, and often can serve as a short solo repertoire in the recital.

---

① Giuseppe Concone: *The Singing Bassoon: Forty Legato Studies Opus 17*, ed. by Jane Emerson: *Ampleforth York*, England: Emerson Edition, 1999: preface.

② Charles N. Boyd, arrg: *Famous Melodies for Bassoon with Piano Accompaniment*, New York: M. Witmark & Sons, 1933: preface.

These four etudes provide various exercises for bassoonists to develop their fundamental music theory and technique at various levels; however, these four etudes have limited information on developing bassoonists'musical and lyrical playing abilities. Additionally, these existing etudes mainly cover advanced information that is not suitable for beginning and intermediate students.

Eugène Jancourt's 26 Melodic Studies for Bassoon, and Ludwig Milde's 50 Concert Studies Op. 26, based on music's complexity of rhythm and registry, are too technically challenging for most high school and young college students. Less advanced students would easily struggle with technical details and not pay attention to the chiaroscuro aspect of musicality and tone color change. Moreover, no direct guidance is provided for bassoonists in both etude books on approaching and practicing.

In contrast to 26 Melodic Studies for Bassoon, the Singing Bassoon, and Famous Melodies for Bassoon, provide a series of technically accessible exercises to help students develop their musical and melodic playing. However, The Singing Bassoon is a typical etude–like study with no piano part include. This etude book focuses only on the middle to high registers of bassoon playing. Similarly, the Famous Melodies for Bassoon book also focuses primarily on the middle to high registers of bassoon playing, ignoring the low register. Therefore, developing low–register playing is crucial for students to achieve proper balance on the specific vocal technique of chest versus head voice. All three registers are equally pivotal in bassoon playing, and bassoonists should manage each register with no difference to increase the effectiveness of playing lyrically and melodically.

These four etudes provide various exercises for bassoonists to develop their musical ideas and techniques at various levels. These etudes, however, have minimal information for the student to develop musical and lyrical playing abilities. There are also problems relating to the available material (difficulty level, register inclusion, and lack of explanation) .

As a result of the limited material and information, a new bassoon method book has complied. This book, inspired by monumental vocal works, incorporates the vocalists'melodic and lyrical singing technique ideas into bassoon playing. In this book, "15 Melodic Studies for Bassoonists: Lyrical Etudes for Bassoon, " the three vocal techniques of chest versus head voice, legato playing, and chiaroscuro are introduced and applied to 15 arrangements of these vocal passages. The method book also includes a supplementary audio recording, which presents both lyrical singing and vowel singing in each study further to demonstrate the vocal pedagogy behind the vocal technique. Evaluating the purpose, this new targeted method book adopted from vocal techniques (chest versus head voice, legato playing, and chiaroscuro) would be beneficial for students to develop their musical and lyrical playing.

CHAPTER III VOCAL TECHNIQUES

Singing is the act of producing musical sounds with the voice in a manner that augments regular speech by the use of both tonality and rhythm. Since ancient history, in any culture and region, singing has always been a universal way to express emotion and to communicate ideas. For example, in West Africa's Shona culture, singing is part of the daily routine. Many African communities sing to communicate with each other, as well as to worship. In Chinese culture, people sing to express their feelings, and they sing to tell stories. Singing has a long history of conveying messages, and in any culture, it is a natural way to deliver feelings and ideas.

Luciano Pavarotti's singing achieves the ultimate goal of singing with extreme lyricism and various colors to express emotions and deliver feelings. His lyrical singing inspires everyone. The recording of An Chloris, by Reynaldo, sung by Susan Graham, a leading mezzo–soprano, also present an outstanding quality. A sweet tone quality, melodic interpretation, and legato singing mark her singing.

Inspired by the heightened abilities of vocalists to express emotions and ideas, bassoonists can adopt effective vocal techniques to create expressive lyricism. These vocal ideas of singing can help bassoonists develop into a more lyrical player by learning to express the emotion and musical interpretation that the music requires.

Vocal Technique 1: Chest versus Head Voice

"Chest Voice" and "Head Voice" often refer to a specific kind of pitch manipulation and resonance. In classical singing, chest voice is used in the lower part of the modal register, ① while head voice is used in the high part of

① Modal Register refers to the natural disposition or manner of action of the vocal cords. I. e. The register in which people normally speak.

the modal register. In practice, the use of the head voice aids in expanding the higher frequency of the sound, while the chest voice helps in expanding the lower frequency of the sound.

Chest versus head voice is a concept to help players manipulate pitches and tone color by adjusting the resonant placements and oral cavities. Regarding the literal interpretation of these names, the head and chest of the human body cannot produce any sounds. These names come from the chest and head resonance sensations, where the air is produced from the abdomen and goes through the vocal cords. Then, the vibrations created by the vocal cords travel through the body from the larynx into the cavities of the chest and head, causing them to vibrate. Attention to this kind of vibration can help students develop their understanding and proper use of these resonance sensations. As seen in Figure 2, higher pitches vibrate the higher parts of the larynx, where the air goes into the hard palate. Lower pitches vibrate the lower parts of the larynx, where the vibrations mainly occur in the back of the throat. The head and chest voice concept from the anatomical perspective helps students adjust their resonance cavities to reach a proper vibration balance for all ranges of pitches.

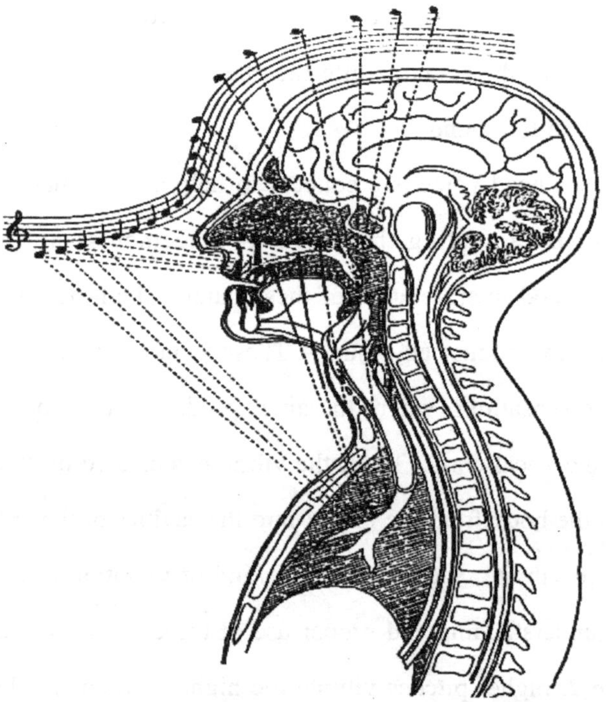

Figure 2: Vocal Sensation①

Vocal Technique 2: Legato Playing

Shakespeare believed that "Chi Non Lega, Non Canta" must have been the credo of the Italian master singers of old. ② Freely translated from Italian, this means, "if one does not sing legato, then he does not sing. " Legato is the result of binding one sound to the next. ③ The term itself comes from the

① Fig. 1. Lilli Lehmann, Tran. by Richard Aldrich: *Vocal sensation*. From: How to Sing., New York: The Macmillan Company, 1914: 99.

② William Shakespeare: *The Art of Singing*, Boston: Oliver Ditson Co, 1921: 29.

③ Richard Miller: *On The Art of Singing*, New York: Oxford University Press, 2011: 122.

Italian verb Legare, meaning to "bind" or "tie." This technique is required in many traditional vocal literatures, which call for a high degree of stable legato singing. Manuel Garcia wrote, "Legato vocalization, being the most frequently used, needs no sign to indicate it; pupils should, therefore, be warned against staccato, slurring, marking or detaching any notes in playing passages." To singers, legato is the most required task. A singer knows that every note without any indication needs to be connected; each note cannot move to another without having control from air support, timbre quality, and vibration. Vocalists are not alone in placing great importance on breathing and air support. These aspects of playing in legato style are of equal importance to bassoonists as well. The breath must not be interrupted between one note and the following note but must sustain as though the notes are in one, imagining that the air is like the water in the river that never stops running. Legato is an essential element that creates a beautiful singing or playing that the typical listener may not even perceive, but its absence will destroy every effort toward elite performance. In western music, most musicians use the term "sing" to interpret legato playing and express lyricism. Today, legato represents one of the most important ideas behind lyrical and melodic music making.

Vocal Technique 3: *Chiaroscuro*

While many factors influence one's perception of tone color, the untrained ear can easily discern bright and dark, two opposing extremes. The most desirable tone quality is found somewhere between these two extremes. A timbre is best described as having both bright and dark tonal characteristics, which are "brilliance and ring, plus warmth and richness." ① Vocalists often vary their tone color through the concept of *chiaroscuro. Chiaroscuro*, originating in Italy, is part of the *bel canto* classical singing technique. This word is simply the combination of two Italian words, "*chiaro*" meaning "bright, " and "*scuro*" meaning "dark." A brilliant sound referred to as *chiaro* paired with a dark timbre called *scuro* is often perceived as having great depth or warmth. The combination of *chiaro* and *scuro* creates a proper balance between the fundamental and upper partials of the tone. In addition to this, the concepts of *chiaroscuro* and vibrato speed are related. ② When the bassoonist emphasizes the deeper *scuro* elements of the sound, the vibrato rate becomes slower and wider; when the *chiaro* aspects predominate, the vibrato frequency is faster. The result is that the high register often has a brighter sound, and the low register has a darker sound.

To apply the *chiaroscuro* ideas, teachers often suggest to students that, "when singing high, think low; when singing low, think high." ③ This idea is in reference to the tonal aspects of the sound. By"sing high, think low, "a teacher instructs students to keep the resonance lower in the chest area to add the warmth of sound in the playing. This practice combines both the bright and

① Clifton Ware: *Basic of Vocal Pedagogy: The Foundations and Process of Singing*, New York: The McGraw-Hill Companies, Inc., 1998: 108.

② Richard Miller: *English, French, German and Italian Techniques of Singing: A Study in National Tonal Preferences and How They Relate to Functional Efficiency*, Metuchen, N. J.: The Scarecrow Press, 1977: 96.

③ Clifton Ware: *Basic of Vocal Pedagogy: The Foundations and Process of Singing*, New York: The McGraw-Hill Companies, Inc., 1998: 187.

dark aspects of tone quality into the sound. Conversely, “sing low, think high” is intended to incorporate brilliant qualities into the tone. Again, this ensures proper timbre when singing. Thus, this pedagogical suggestion often helps students develop control of tone quality and timbre.

Through control of tone quality, timbre, air continuity, and legato playing, vocalists apply these techniques to express musical and lyrical ideas. Bassoonists can borrow these techniques to achieve the same lyrical effects. Thus, if bassoonists can adopt vocal techniques of chest versus head voice, legato playing, and chiaroscuro and modify them for use on the bassoon, they definitely can achieve a greater expression of emotion and lyricism.

CHAPTER IV PEDAGOGICAL APPLICATION to BASSOON

Having virtuosic techniques is essential to become a professional bassoonist but will only be appreciated when the artist is applying proper musical interpretation in tandem with the virtuosic ability. Parallels can be employed from vocal pedagogy to achieve a higher level of musicality: chest voice v. s. head voice, legato, and chiaroscuro. While these are relatively new concepts for bassoon pedagogy, they are pretty applicable and valuable. However, some questions exist in applying vocalists’ideas because the human voice and the bassoon produce sound quite differently. The later section of the article will explore suggested methods of applying the vocal techniques of chest and head voice, legato, and chiaroscuro to bassoon playing.

Application to Bassoon 1: Chest v. s. Head Voice

In vocal pedagogy, vocalists use the chest and head voice concept to reach a proper resonant balance by modifying where they feel the sympathetic vibrations in the body of each pitch. Controlling the sympathetic vibrations allows singers to choose which resonant cavities within the body affect the note. Overall, this technique results in direct and precise control of timbre and overtone series. Similar to the techniques for vocalists, close attention to sympathetic resonances can also help bassoon players control the timbre of their sound. Often in bassoon playing, teachers will ask students to manipulate pitches by increasing air velocity; however, this suggestion can cause increased tension on the embouchure and upper body. By adopting vocal techniques of the chest versus head voice idea, bassoonists can easily avoid unbalanced tension and provide proper tone production. For proper pitch production when playing in the high register, students should imagine the sound comes out of the forehead; whereas, when playing in the low register, imagine the sound comes out of the chest or throat area. ① One good exercise to use to practice this is to sing a scale until the sensation of each note's resonance is familiar and memorized. Then, play the scale on the bassoon while copying the sensation from singing the scale. The student might need to alternate between singing and playing multiple times until the translation of vocal technique to the bassoon is fully adopted. By adjusting the resonant cavities of different registers,

① Application of tone color control in reference to resonant areas has an opposite idea compared to pitch manipulation.

students can find a proper balance of resonation. Students receive a further explanation of this concept by watching the audio reference or consulting with an experienced bassoonist to ensure the proper balance. The clip of "Schumann's Du bist wie eine Blume–Vowel" clearly presents the idea of chest and head voice. Students should pay attention to the singer's facial movement, caused by the resonant cavity change, further to understand how to adapt the chest and head voice concept into practice.

Application to Bassoon 2: Legato Playing

Legato is one of the essential elements of singing. This technique is required for all levels of singers, and it further extends to the concepts of lyrical and musical singing. Constant air support is the key to legato singing for voice as well as for bassoon playing. In bassoon playing, artists can control articulations in many ways; however, legato is one of the most challenging techniques. Often in wind playing, artists unconsciously interrupt air support during note changing and fingerings. This little deficiency results in a disconnection of phrases and interruption of legato playing. Daniel Matsukawa, the principal bassoonist of the Philadelphia Orchestra, supports this view, saying, "A true legato is constantly blowing through the air while the fingerings shift. The abdominal support is like the string bow arm which is constantly moving." ①

One good exercise for legato playing is to play a single note on the bassoon and suddenly shift the finger to the following note. The air should

① http: //www. youtube. com/watch?v=dzSmZ6iiqBY (accessed March 22, 2011) .

move consistently and must sustain as though the notes are one. Students may be surprised to find that putting their entire focus on air support instead of finger movement creates an eminently smooth legato playing style. Another practice technique is playing a slurred scale. Students should focus on the smoothness of airflow and finger movement between each note.

Moreover, practicing air control with legato playing over large intervals is difficult for untrained students. Students need to combine the chest versus head voice concepts and use proper air support for the transition. For large intervals, students should sing the intervals a few times to feel the sensations before playing. Then, when playing, the student should be able to mimic the same sensations and ideas. It is of utmost importance. However, that airflow is the primary focus when applying this to playing. The air should be a focused stream without any breaks. Airstream level can be analogous to driving a car. Cars merging onto a highway should accelerate to the correct speed before joining the rest of the traffic. Translated to bassoon playing, students need to prepare their airflow for the following note slightly before changing to that note. The concept behind this legato playing technique can be found in the audio reference clip of Tchaikovsky's "Nur wer die sehnsucht kennt, " with lyrics. In this clip, the singer demonstrates the idea of legato singing and, specifically, the preparation for slurring over large intervals.

Application to Bassoon 3: *Chiaroscuro*

In vocal techniques, chiaroscuro refers to color and timbre change, allowing various tone colors. In a performance setting, singers projecting over an orchestra will find the "ping" sound in their singing, which provides higher partial overtones from their voice. Ideally, "ping" sounds require a certain amount of higher partial of overtones to produce the bright timbre and a certain amount of low partial of overtones to produce the dark timbre. Acoustically, as an instrument, the bassoon already produces a large amount of lower partial overtones. When adopting the chiaroscuro concept, the goal for bassoonists is to incorporate a considerable amount of the higher part of overtones to vary the tone color and quality. Chiaroscuro is a new concept in bassoon pedagogy and is helpful for many bassoonists.

To practice the *chiarosucoro* style of playing, bassoonists begin by choosing a comfortable note in the middle register. They should then modify the shape of their oral cavity slightly, through tongue and throat position, until the sound produces a rich overtone series and can project clearly over great distances. Often it helps to have a more experienced bassoonist listen to this process to ensure the accurate *chiaroscuro* balance. It will be much easier to apply once the bassoonist achieves the target behind this technique for one note. With proper practice, *chiaroscuro* will increase the variety of timbre and further produce the "zing" sound of bassoon playing needed to project clearly over an orchestra or to the back of a large concert hall. This *chiaroscuro* style of playing is further discussed in the audio reference clip, Richard Strauss's Allerseelen. This clip stresses that bassoonists should pay attention to how the singer modifies the tone color and timbre.

CHAPTER V MELODIC STUDIES for BASSOONISTS

Songs from established standard vocal repertoires have been adopted and arranged for the bassoon. The author will organize these exercises into three sections; each represents one of the three registers for the bassoon, as follows: (1) Bb1–F3, (2) A2–C4, and (3) C3–G4. Though the three registers vary, each register has similar technical ideas, such as the balance between chest versus head voice, the method of legato articulation playing, and the chiaroscuro idea behind timbre control.

The first section introduces the middle register of the bassoon, which is the most comfortable and natural range for the bassoon. It is ideal to start work here because the first couple of notes students learn are from this register. Similar to singers, bassoonists can balance each technique naturally and easily in this register. The second section focuses on the low register, which has the most similar fingerings with the middle register; however, this register does require an extra volume of air and a certain degree of embouchure relaxation. The last section is the high register, which requires various techniques, such as focusing the air stream, changing the resonance positions, and incorporating the most complicated fingerings.

Throughout the registers, it is crucial to find the proper balance between techniques to perfect the musicality. The following is a list of practice steps that can help students develop lyrical and melodic playing through vocal techniques, as presented in the etudes.

1. Sing the scale of the study

For example, if the study is in the key of D major, sing a D major scale. By singing through the scale, students can be more comfortable with the tonality and the purpose function of each pitch, such as the leading tone or the dominant note. Knowing the functions of each pitch will help students have better ideas of interpretation, such as emphasizing the leading tone before resolving to tonic. A piano may be used for reference of proper pitches.

2. Sing through the music–Feel the resonant sensation of the chest and head voice

Most people know how to sing the melody of "Happy Birthday" with the proper aesthetic. Thus, this step aims to have students sing through the music and feel the chest and head voice resonant sensations on each note. After singing through the piece, students should feel the different resonance areas for each pitch, especially on long sustained notes, and high and low points of the lines. This exercise aims to enable the student to feel more vibration coming from the chest and low throat area in the low register, and the forehead and nose area in the high register.

3. Legato–Articulation of playing

There are many ways to play the articulations, depending on the markings, period, composer, and setting marking within the music. This series of studies, however, focuses mainly on legato playing. The ideal way of playing musically and lyrically for the exercise is to play the music as legato as possible. When students go through these studies, it is crucial to create smoothness between notes, without gaps caused by broken air streams or failed fingerings. As we discussed previously, to play legato, students must have continuous airflow and air support.

4. *Chiaroscuro*

We can put the *chiaroscuro* ideas into practice after we are familiar with the resonance placement, air control, and legato ideas. When playing the bassoon, there is a tendency for the low register to have a dark and shallow timbre, and for the high register to have a bright and squeezing timbre. The excellent sound should be a combination of both dark and bright timbres. We can put the *chiaroscuro* ideas into practice after we are familiar with the resonance placement, air control, and legato ideas. It is essential to consult with bassoon instructors when there is any confusion over the proper achievement of this process.

5. Multimedia

Exercises will include audiovisual references to explain the intricacies of each technique further. This DVD is provided with the score and includes tracks of vocalists singing the excerpts with two ideas: full lyrics and only vowels. By requesting, singers only use vowel sounds, parallels can be more easily drawn to bassoon playing. Using just the vowel sounds also brings the vocal line closer to instrumental playing by removing all textual expressions. When watching the DVD, pay close attention to the articulation style and voicing used by the vocalists. Also, listen carefully for timbre and vowel sound changes in different registers.

After going through all the techniques as discussed in the previous steps, students should combine the techniques at will and as needed. Additionally, the author briefly suggests breath markings to help students understand the phrasing and musical interpretation based on the lyrics from the songs, and the form and structure of the pieces. Teachers should encourage students to understand these targeted methods and perfect these techniques to improve their lyrical and musical playing for the ideal results. This process can be done through reminder markings in the music, practiced memorization of singing the study, and, for inspiration, listening to professional recordings of the vocal works.

Moreover, students should use their imagination and creativity freely in their interpretations of these studies to enhance musicality in the absence of text further. Having a set of etudes adopted from vocal repertories to practice lyrical playing will translate musical and melodic playing into other practiced works and general performance.

CHAPTER VI CONCLUSION

The three techniques: chest versus head resonance, legato playing, and chiaroscuro, adopted from vocal techniques, are the tools to help bassoon students developing their lyrical and musical playing to better express emotion and lyricism. Students will understand that playing the bassoon is an intense incorporation of physical coordination, somatic sensation, and aural interpretation of the bassoon sound through the new etude book. Students are obligate to master these targeted methods and perfect these techniques for successful playing.

Every extraordinary performer knows that practicing is the best way to improve him/her skills and make him/her a better performer. They work on each technique repeatedly to eventually become good at it and allow performers to bring out the best of their capability. Alongside the techniques, creativity is also crucial to achieving lyrical and musical playing. Bassoon teachers should help students awaken their minds and push students to the point of making themselves broad thinkers along every line of their study using these techniques. Directing students toward their internal humanity should help them achieve natural musicality. A good technique will allow students to play every note perfectly; only lyrical and expressive playing can fill the emotional and human aspects of music.